主编 姬晓安

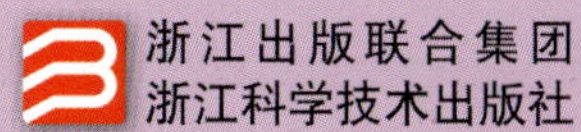

图书在版编目（CIP）数据

平淡女人靓起来：女人变美的 N 个细节 / 姬晓安主编. —杭州：浙江科学技术出版社，2013.5

ISBN 978-7-5341-5440-9

Ⅰ. ①平… Ⅱ. ①姬… Ⅲ. ①女性 - 美容 - 基本知识 ②女性 - 保健 - 基本知识 Ⅳ. ① TS974.1 ② R173

中国版本图书馆 CIP 数据核字（2013）第 096718 号

书　　名　平淡女人靓起来：女人变美的 N 个细节
主　　编　姬晓安
编　　委　廖名迪　谭阳春　陈晶晶　李玉栋　贺梦瑶

出版发行　浙江科学技术出版社
网　　址　www. zkpress. com
　　　　　杭州市体育场路 347 号　邮政编码：310006
　　　　　办公室电话：0571-85062601
　　　　　销售部电话：0571-85058048
　　　　　E-mail：zkpress@zkpress. com
排　　版　湖南攀辰图书发行有限公司
印　　刷　长沙市永生彩印有限公司
经　　销　全国各地新华书店

开　　本　710 × 1000　1/16　　　　印　　张　11
字　　数　200 千字
版　　次　2013 年 5 月第 1 版　　　2013 年 5 月第 1 次印刷
书　　号　ISBN 978-7-5341-5440-9　定　　价　29.80 元

责任编辑　王　群　李骁睿　　　　责任美编　金　晖
责任校对　刘　丹　宋　东　王巧玲　　责任印务　徐忠雷

推荐序

从窈窕淑女到都市女郎，无论什么时代，美丽优雅的女人永远都是凡尘中的精灵，世间最靓丽的风景。生为女人，心中怎么可以没有对美的渴慕和追求？

怎样的女人才能被称之为美女？是不是必须要拥有姣好的容貌，必须要衣饰华丽、珠宝加身？如果你天生丽质，当然值得庆幸。如果你拥有充裕的资金装扮自己，同样非常值得恭喜。但是，成为美女绝非如此简单的事。

作家林清玄曾经在一篇散文中写过，一个资深化妆师将化妆分为三种境界："化妆只是最末的一个枝节，它能改变的事实很少。深一层的化妆是改变体质，让一个人改变生活方式。睡眠充足、注意运动与营养，这样她的皮肤改善，精神充足，比化妆有效得多。再深一层的化妆是改变气质，多读书、多欣赏艺术、多思考、对生活乐观、对生命有信心、心地善良、关怀别人、自爱而有尊严，这样的人就是不化妆也丑不到哪里去，脸上的化妆只是化妆最后的一件小事。我用三句简单的话来说明：三流的化妆是脸上的化妆，二流的化妆是精神的化妆，一流的化妆是生命的化妆。"

可见，秀外慧中，才是做女人的最高境界。

晓安的这本书，讲的就是这样一件事。她不仅将美容、养生、化妆、服装搭配等方面的心得和技巧娓娓道来，还告诉我们如何内外兼修，给自己的精神和生命化一个漂亮的妆，让自己更美丽，让生活更美好。这是一本让女人的容颜更美丽、生活更精致、气质更优雅、内心更丰盈、生命更精彩的书。晓安温柔的笔触，深入到一个女人生活的点滴细节中，它不仅仅是一个美容编辑的贴心叮咛，更像一场闺蜜间的亲密谈话，值得你耐心倾听。

资深美容编辑，专栏作家

自序

曾经有人问亚里士多德："人为什么渴望美？"他的回答是："只要他不是瞎子，人就不会问这个问题。"爱美之心，人皆有之——尤其是女人。美丽，不只是为了悦己悦人，更成为女人综合素质和魅力的重要组成部分，它直接影响着你的生活。

对于美，我们的眼睛永无倦意。容貌美是美女的重要衡量标准之一。一般来讲，女性比男性更关心自己的容貌，容貌使女性更自信。

美容大师克莱尔·玛娜有一个著名的公式：三分姿色＋一分化妆＋二分服装＋二分首饰＋二分手袋＝百分之百美人。这跟我们国家的一句俗语"三分长相，七分打扮"异曲同工。

做女人一定要将美丽进行到底。女人是一道风景线，世界因为有女人而不会单调沉闷。美丽能够让女人快乐自信，也能让别人心旷神怡。没有人会爱邋遢的女人，世界上也没有丑女人，只有懒得打扮、不敢打扮、不会打扮的女人。

美丽和钱有关，但并不绝对。有钱你可以去美容院、健身房、使用昂贵的化妆品、买名牌衣服、去环球旅行，但是没钱你同样可以拥有美丽。你可以用黄瓜、番茄、牛奶、蜂蜜、珍珠粉做面膜；你可以用蛋清、醋、天然盐做发膜；你可以吃健康经济的美容食物；你可以在周末去郊外踏青……

美丽的女人要敢秀，你要常常浏览时尚杂志，你可以不跟着潮流走，却不能不了解潮流。你的衣橱需要有经典款的名牌时装，也应该有流行的小背心，你可以自由组合，穿得浪漫、风情、性感。你要敢秀，才能扮得足够靓，足够个性。甚至身着职业装你也可以不必拘泥于一种搭配形式，你会发现工作也变得轻松而快乐。

随着时代的变迁，我们对美的标准也在不断地变化着。但是万变不离其宗，真正的美丽一定要充满健康和活力。除了天生丽质，美也可以通过后天的培养塑造形成。但冰冻三尺，非一日之寒，我们要从生活中的点滴做起，坚持不懈，这样才能由内而外地焕发出美丽的光彩。

所以，真正的美丽是对健康生活的积极追求，是对美好人生的感恩和满足。对于女人来说，爱美，就是爱自己。

CONTENTS 目 录

第四章 “膜”小姐的不老传奇

——DIY护肤“膜”法

第五章 打造完美妆容

——做个岁月无痕的无龄美女

第一章

养于内，秀于外

——不老美人的抗衰必修课

调理体质：美貌不是表面现象

气血：健康的根本，美丽的标准

◎ 气血是真正的美颜圣品

有一天看到一条微博，调侃女人的生理期，大意为：1 个月流 7 天血还能活着的动物，真是逆天的存在！

这句话让我笑了半天，虽然说得没道理，但是转念一想，女人确实很不容易。由于特殊的生理特点，女性在经期、孕期、分娩等各个阶段，相对于男性，要更加耗费气血。血，对于女人来说实在是太重要了！养气血，则显得格外有意义。

人体的美是建立在脏腑经络功能正常、气血津液充足的基础之上的。身体内部各个系统的衰老，直接影响肌肤并将老态表现在脸上，调整好身体内部机制，以内养外，肌肤才会健康青春。也就是说，只有拥有健康的身体，才能拥有美丽的容颜。对女人来说，气血是真正的美颜圣品，只要气血通畅了，就有了做美女的本钱。

女性有周期耗血的特点，若不善于养血，很容易出现面色萎黄、唇甲苍白、眼花、头晕、乏力、气急等血虚症。严重贫血的人，还会过早地长出皱纹、白发，出现早衰症状。

听起来多么可怕！气血似乎主宰了我们的健康和青春，其实只要我们平日多关爱自己的身体，在饮食和生活习惯等方面用心一些，拥有充足的气血也并非难事。不过，美容养生是一件需要耐心的事，补养气血不可操之过急，需食用补血补气的食物和药物慢慢调养。

◎ 气血的简单自检方法

在调理气血之前，我们首先应该判断自己是否气血不足，或者亏损的程度是多少。因为“有诸内者，必形诸外”，通过观看一个人的外表，就能够很容易地判断出其气血状况。

1. 看自己的头发

女人的头发一向是性感指标的一部分，乌黑、浓密、柔顺的一头秀发代表气血充足，而头发干枯、发黄、开叉、易掉发都是气血不足的表现。

2. 看自己的眼睛

有句话叫“人老珠黄”，是指眼白的颜色变混浊、发黄、有血丝，这就表明气血不足了。

3. 看自己的肌肤状况

如果肌肤白里透红、有光泽、有弹性，一张脸很干净，没有很多皱纹和斑，代表气血充足。反之，粗糙、暗淡、发黄、发白、发青、发红、长斑，这些肌肤问题都代表气血不足。

4. 看自己的牙龈

如果觉得自己在吃东西的时候越来越容易塞牙，说明由于牙龈萎缩牙齿的缝隙变大了，而牙龈萎缩代表气血不足，身体状况已在走下坡路，衰老正在加速。

5. 看自己的指甲

指甲上出现纵纹，说明气血两亏、出现透支，是肌体衰老的象征。很多女孩都喜欢在指甲上涂指甲油，虽然能把指甲修饰得很漂亮，但是也容易遮掩一些健康问题。卸妆时一定不要忘记观察自己的指甲。

6. 关注自己的睡眠

气血充足的人一般入睡快、睡眠沉、呼吸均匀，一觉睡到自然醒，而入睡困难、易惊易醒、夜尿多，呼吸深重或打呼噜的人大多数都气血亏。

这些自检方法简单易行，观察下来，你对自己的气血状况就应该心中有数了。

◎ 几个经典的养颜补血小方

补养气血既可以药补，也可以食补。补养气血的中药有党参、黄芪、当归、熟地等，药物调理应在医生的指导下进行。红枣、桂圆、花生、糯米、红豆、红糖、枸杞等都是人们常吃的补血食品，将它们互相搭配，就成了很好的补血食疗方，让我们在美食中吃出好气血。

黑糯米补血——益气养血

材料：黑糯米适量，红枣 5 颗，桂圆 5 颗，山药半根，红糖 1 匙。

做法：把黑糯米、红枣、桂圆、山药、红糖一起熬成粥即可。

功效：黑糯米、桂圆和红枣是公认的补血高手，再加上营养价值很高的山药，其益气养血的功效更显著，气血不足的姐妹一定要记得喝。桂圆虽然可以补气血，但是不易消化，注意不要吃得太多，每次煮 4~5 颗就足够了。

红枣桂圆枸杞茶——补气血、明目

材料：红枣 2 颗，桂圆 1 颗，枸杞 10 枚。

做法：红枣、桂圆、枸杞放在一起，用开水冲泡即可。

功效：适合经常坐在电脑前的上班族。每天早上上班后给自己泡一杯，不但补气血，还能明目，而且美容养颜的效果也很显著。

当归红枣排骨——滋阴补血、润燥养颜

材料：排骨 1 根，枸杞适量，红枣 12 颗，当归 4 片。

做法：先将排骨焯水，放入砂锅，加入枸杞、红枣、当归、葱、姜片，先用大火烧开后再改用小火炖至排骨熟烂，再加入盐和鸡精调味即可。

功效：当归、红枣和排骨搭配，能起到滋阴补血、润燥养颜的作用。

双红补血汤——补血

材料：红薯 1 个，红枣 5 颗，红糖 1 匙。

做法：将红薯和红枣一起下锅煮开，待红薯熟后放入适量红糖，在锅里慢慢地炖，炖至熟烂，夏天还可以当甜品吃。

功效：坚持长期食用，补血的效果很好。

对于身体特别虚弱、气血亏损很严重的人，最快的补血方法是多吃高营养的肉汤，例如将肉炖得很烂的牛肉汤、羊肉汤、猪肝汤、鸡汤、骨髓汤、蹄筋汤等，或者吃用黑米、玉米、大米、红枣、核桃、花生、莲子、桂圆、枸杞等做成的糊。做成糊状的食物能很快地被肠胃直接消化吸收，养生的效果特别好。

补气护阳：唤醒体内“小太阳”

◎ 顺势养阳，自然健康

我国的传统医学认为“人生有形，不离阴阳”，人是由阴阳二气生成的，人的身体功用以阳气为主导，阳气是正气能力的代表。“人以天地之气生，四时之法成……”天地之气为先天，四时之法为后天，由此阳气亦可分为先天阳气（肾阳）与后天阳气（脾阳）。

“先天之阳为体，后天之阳为用”，这就是人体内先后天之阳的关系。先天之阳不由自己主宰，但可以靠后天培补；后天之阳以先天之阳为前提，但可以根据科学的调养旺盛起来，并能培补先天之阳。

阳气到底是什么呢？阳气并不是一种具体的物质，而是一种正面向上的“势”。人体后天之阳的主要功能是“用”，是在体内运行为身体各处的基本代谢提供动力。也就是说，我们每个人的体内都有一个“小太阳”，照拂着我们的身体，让我们的生命力更加旺盛。如果要想人体的后天之阳不亏损，最好的办法就是去顺应、增长后天之阳的这种运行之“势”，尽量不要去折伐它，这就是“顺势养阳法”。顺应天地之阳的运行之势（规律），就是自然健康！

“春生夏长秋收冬藏、昼行夜藏”，这是天地之阳在自然界的表现，也是天地之阳的正常运行规律。我们人的身体也是一个小天地，其功用与运行是严格遵循天地之阳的运行规律的。春天人体阳气向外生发，我们开始感觉身体舒展、通畅；夏天阳气生长，身体的运动能力增强，感觉气力增加；秋天人体阳气向体内收敛，我们自己也能感觉出这种内收，运动等逐渐减少；冬天人体阳气向体内闭藏，所以我们的运动欲望顿减，更喜欢宅在家里。

我们养生护阳必须顺应天地之阳的运行之势，我们体内的阳气才会正常地生长收藏，生生不息。如果违逆了这种阳气的正常运行之势，就会耗用更多的阳气，同时还会使阳气得不到及时的生长与补充。这种例子在现代人的生活方式中屡见不鲜，比如熬夜，熬一个晚上，有时会觉得身体几天都不能完全恢复过来。这就是因为在阳气生长补充的时候，我们没有任其生长，而是耗用了更多的阳气来强行维持精神，这时阳气的培补恢复是很难的。

◎ 女人千万不能让自己冷

女孩子都爱美，经常会为贪靓冻着自己。尤其是冬天，为了不显得臃肿，也尽量能少穿就少穿，这就很容易造成寒气的侵袭。还有些女生为了保持窈窕身材而过度节食，容易造成气血生化缺少“原料”。阳气虚弱，寒气就更容易乘虚而入。

所以说，女人千万不要让自己冷。体质寒凉会造成严重的阳虚，导致平日总是手脚冰凉，可能还会伴有腰背发冷、小腹胀痛、月经不调、听力下降、记忆力衰退、便秘等问题，表现在外表上就是脸色发白、肌肤没有光泽、长斑、生痤疮等。

按理说，二三十岁正是最好的年华，这时的女子应该是“静若处子，动若脱兔”的，可手脚冰凉的女孩行动却总是慢慢吞吞，提不起精神，像老太太一样，身材也会往两个极端发展：要么虚胖，要么干瘦。

还有更可怕的一点：我们的生殖系统是最怕冷的，如果我们的体质过冷，身体就会长更多的脂肪来保温，我们的肚脐下面就会长赘肉，变成“小腹婆”。而一旦气血充足温暖，这些肥肉没有存在的必要，就会自动跑光光。

暖美人，暖法则

1. 各种令身体升温的外治法，比如艾灸、热敷、泡脚或熏蒸，都是在给身体加温，所以都是好方法。

2. 平时洗手和做家务最好多用热水。热水是冷水清洁和杀菌效果的 5 倍，热水不仅舒适，还能预防妇科疾病和关节炎。

3. 天气冷的时候要及时加衣，保持身体里宝贵的温度。保暖护阳不仅仅要在冬天进行，炎炎夏日也要注意。

4. 夏天暑气逼人，常常导致人体阳气宣发太过而出现体内阳气匮乏的现象，此时如果因为防暑降温，而一味追求“冰爽”感觉，使身体长期处于低温环境，易致内寒过甚，使体内阳气更衰。

只有身体暖和，我们的心才会感到温暖，生命的潜能才能被激发出来，成为名副其实的暖美人。

◎ 阳虚体质的饮食调理

如果你的身体已经出现了经常手脚冰凉、易伤风感冒、怕冷等症状，最好就少吃寒性、生冷的食物。

怕冷的姐妹应该多吃狗肉、羊肉、牛肉，其御寒效果都很好，有益肾壮阳、温中暖下、补气活血的作用，可使阳虚体质的代谢加快，内分泌功能增强，能增强体质和抵抗力，从而达到御寒的作用，做菜时还可放些姜、胡椒、辣椒等有“产热”作用的调料。

人体血液中缺铁也会怕冷。贫血的女性体温比正常女性低0.7℃，产热量少13%，增加铁质摄入后，耐寒能力就会明显增强。因此，在日常饮食中增加含铁量高的食物摄入，如动物肝脏、瘦肉、菠菜、蛋黄等，也会大大改善体质。

中医经典《金匮要略》中记载了一个沿用了两千多年的中医名方，由汉代医圣张仲景创制，是补气护阳的首选。

当归生姜羊肉汤

材料：羊肉、生姜各适量，当归20g，盐适量。

做法：将羊肉洗净，除去筋膜，切成小块。将生姜切成薄片，当归洗净，用一块纱布包裹好，一起下锅，加水后先用大火煮开，再用小火煨煮2小时左右，食用前加一点盐，也可以根据自己的口味适当加入其他调料。

功效：当归有活血、养血、补血的功效。生姜既是厨房不可缺少的调料，还可以温中散寒、发汗解表。羊肉是老少皆宜的美味食物，性质温热，能温中补虚。羊肉、生姜、当归三者搭配，具有温中补血、祛寒止痛的作用。

小贴士：也可将材料熬成粥，加入适量白萝卜，以补中有通，以免阳气阻滞。

那么，对于阳虚体质的人，难道从此以后就要与寒凉的食物彻底“拜拜”了，寒凉的食物是不是绝对不能吃？当然不是了。只要注意与其他食物的搭配以及吃的季节，能起到中和、平衡的作用，就可以吃。

很多人都有这样的常识：黑色食品补肾、补血，如黑芝麻、黑豆、黑米、黑木耳、海带、紫菜等。其实并不尽然，黑米、乌骨鸡性温，黑芝麻性平，补血、补肾效果确实明显，但黑木耳性凉，海带、紫菜性寒，夏天可以经常吃，但冬天最好少吃。

任何食物补还是不补，都不是绝对的，要看这种食物的属性。性平、性温的食物，一年四季都可以吃，性寒、性凉的食物，除了夏天以外，其他季节尽量不要多吃，如果一定要吃，也要与温热的生姜、辣椒、胡椒、花椒等搭配在一起，这样就能保证既吃到了这些食物特有的营养，又不至于被它们的寒性伤身。

身体不对劲儿，关心一下激素

◎ 衰老就是激素分泌不足

激素在希腊文中的意思是“激活”，影响着一个人身体的生长发育和情绪，也是维持体内各器官系统均衡动作的重要因素，也就是说，从我们一出生，体内便有了一个强大的激素王国来保护身体的健康。

如果你在很长一段时间里总感觉身体不对劲儿，精力不济、情绪不佳，无论怎么保养，肌肤状态也不尽如人意，身材似乎也开始走形，那么你就需要关心一下自己的激素了。

女人一生要经历青春期、孕期、围绝经期和绝经期，在女人生命进程的变化中，激素起着举足轻重的作用。

自有文明记载以来，人类一直认为，机体衰老是根本无法避免的，但是在 2005 年的世界抗衰老大会上，抗衰专家认为老化的过程即是丧失青春与活力的过程，它并不是正常的生命旅程，而是一种生理机能缺乏所造成的疾病，人体内生命的源泉——激素分泌不足便是导致生理机能缺乏的主要原因之一。

美国反老化医学院院长朗诺 · 克兹博士在一份研究报告中指出，人类青春的颠峰时期，是分泌系统功能最顶峰的时期，之后荷尔蒙分泌以每 10 年下降 15% 的速度逐年减少，到 30 岁左右时，体内激素的分泌量只有颠峰期的 85%，缺失 15% 的激素分泌量会引起其他器官功能衰退，人体各器官组织开始老化萎缩，生理机能的缺失会引起容颜上的衰老及心理上的失落。

换句话说，衰老就是激素分泌不足。女性激素浓度决定女性的青春指数，激素浓度高的女性比激素浓度低的同龄女性可以年轻 8 岁。可见激素是令我们不老的抗衰原动力，那么通过补充激素对抗机体的老化，是完全可以实现的。

◎“好色”的激素

补充激素有很多途径，既可以药补，也可以食补，而食补是比较温和的补养方式。我们的日常饮食，几乎囊括了美丽容颜需要的所有营养素。

每个人每天都在吃吃喝喝，这么简单就能达成美丽梦想？的确，美容与食养息息相关，科学的饮食可以帮助我们改善肌肤的状态。肌肤的健康需要充分的营养来保证，我们肌肤的弹性、光泽、气色，都赖于各种营养素的滋养，而营养最好的摄取方式，当然是吃进嘴里了，在达成美丽目标的同时，还享受了美食的乐趣，何乐而不为呢？

拥有一副好容颜的目标，不是仅仅靠梳妆打扮就能够达成的，而要靠我们对自己的身体进行坚持不懈的保养与呵护。

所谓对身体的调养和保养，听起来似乎特别玄妙，需要我们拥有专业的养生知识，需要投入大量的时间和精力，其实大可不必。要想达到美丽的至境，说难也难，说不难也不难，只要你能够遵循身体自身的运行规律，拥有一个良好的生活习惯，一份营养均衡的饮食计划，一场高质量的甜美睡眠，一切就简单了！说白了，只有吃好睡好、适当运动、保持好心情，才能持续地为身体提供能量并保持活力，我们的样貌看起来才能好看，而这恰恰也是最有效、最省钱的美容王道。

聪明的女人，懂得把自己“吃”得更漂亮，只要调整好自己的饮食，作息规律，美容就是一件轻轻松松的事儿。

从中医的理论上说，人体与激素分泌关系最密切的是肝、脾、肾。五脏与五行、五味、五色是相生相克的关系。不同颜色的食物，与人体的五脏六腑有着阴阳调和的关系，合理地搭配饮食，有助于提高激素的分泌。

对于食物，肾、肝、脾各有其比较偏爱的颜色：

肾脏——偏爱黑色，如黑芝麻、黑木耳、黑豆、香菇、黑米等。

肝脏——偏爱绿色，如菠菜、白菜、芹菜、生菜、韭菜、西兰花等。

脾脏——偏爱黄色，如黄豆、南瓜、橘子、柠檬、玉米、香蕉等。

补充雌激素，永远有活力

◎ 一杯浓豆浆，保持“女人味”

2012 年春晚，孔雀女神杨丽萍再度亮相，一曲“雀之恋”舞得令人惊艳，让人不得不感叹世上真有不老女神这一说。杨丽萍本人对自己的外表和身体状态也很自信，她告诉记者，经过科学检测，已经年过半百的她，身体年龄只有 35 岁。对于记者向她请教的驻颜法宝的问题，杨丽萍答案的第一条就是——每天一杯浓豆浆。

为什么首先要提到喝豆浆呢？喝豆浆是为了摄取大豆异黄酮，大豆异黄酮是黄酮类化合物中的一种，主要存在于豆科植物中，与雌激素结构相似，因此大豆异黄酮又称植物雌激素，能够弥补 30 岁以后女性雌性激素分泌不足的缺陷，增加肌肤水分及弹性，预防骨质疏松，使女性再现青春魅力。

此张图片由时阳提供

雌激素是人体激素的一种，刚刚说过荷尔蒙，人体中的激素高达 75 种以上，不同的激素扮演着不同的角色，而在这个成员众多的激素家族中，有一种激素对女人来说尤其关键，因为只有它才能让我们一直保持“女人味”，光滑的肌肤、窈窕的曲线，甚至温柔的性格都是由它决定的，它与我们的健康和衰老关系最密切，它就是——雌激素。

雌激素不仅是女人的生理激素，更是女人的青春激素和健康激素，主要由卵巢分泌产生，少部分在脂肪中产生。每一个健康的成年女性其自身都能分泌雌激素，并保持着微妙的平衡，保护女人免受很多疾病的危害。雌激素一旦减少，女人的肌肤和身体就会出现诸多问题，如肌肤变粗糙、生皱纹、骨骼松脆、腰腹肥胖，甚至绝经期也有可能提前至少 2~3 年。

黄豆

在补充雌激素的众多方法中，补充植物雌激素的方法是最为安全有效的。植物雌激素的好处在于，它具有对雌激素的双向平衡作用，可以预防一些与雌激素有关的癌症。黄豆的这种特性，在食物中很难找到第二种。

可以说，荷尔蒙最喜欢的就是黄色食物。黄色食物不仅健脾强胃，还有助于恢复精力，补充元气，缓解女性荷尔蒙分泌减少的症状，同时，也对预防记忆力衰退很有帮助。

大豆异黄酮是一种结构与雌激素相似，具有雌激素活性的植物性雌激素，能够减轻女性更年期综合征症状、延迟女性细胞衰老、使肌肤保持弹性、养颜功效显著。

祖国医学认为，多吃黄豆可令人长肌肤、益颜色、填精髓、增力气、补虚开胃，是适宜虚弱者食用的补益食品，具有益气养血、健脾宽中、健身宁心、下利大肠、润燥消水的功效。

如果觉得自己好像总是欲望少少，与他出了点“问题”，喝豆浆或者吃豆制品也有可能会帮助你改善这种情况。除了双向调节雌激素，大豆异黄酮的类雌激素作用，还可增加性腺分泌，滋润女性重要的器官——阴道，增厚阴道上皮，使阴道肌肉弹性增强，从而提高性生活质量。

◎ 雌激素不能滥补

越来越多的女性知道雌激素的重要性，所以也越来越重视补充雌激素。有一次去一个女朋友家作客，我就发现她在吃一种补充雌激素的片剂。其实以她 28 岁的年龄，根本没有必要这么早进行雌激素的药物补充，只要在日常饮食和生活习惯上用点心就足矣。

虽说女人少了雌激素就会变得不漂亮，但绝不是雌激素越多就越漂亮，矫枉过正的后果是很可怕的，过早、过多地补充雌激素除了会引起经前期各种症状外，还会导致纤维瘤、良性子宫病变甚至女性特有的癌症。

很多女性急着补充雌激素，是因为年纪轻轻就出现了更年期的症状，为什么雌激素总是在现代女性的生活中“早早退场”呢？追根究底，原因还在我们自己身上。

我们并非不重视健康，却常常打着“健康”的旗号牺牲健康！

举个例子，不知道从什么时候开始，“素食美人”的概念在女性中风靡，为了减肥，很多姐妹热衷于节食和吃素，殊不知这种饮食习惯会带来雌激素流失的恶果。研究证实，女性体内脂肪至少要达到体重的 22% 才能维持正常的月经周期，这也是女性能够怀孕、分娩及哺乳的最低脂肪标准。如果低于这个标准，雌激素就会处于不足状态，久而久之，更年期症状就不约而来，提早出现了。

除了饮食，生活习惯对雌激素的影响也不容小觑。不知道现在有多少人能够拥有每天 24 点到凌晨 2 点的“黄金”睡眠，这段时间如果不睡，凌晨 2 点之后即使你睡到第二天中午太阳高照，睡眠质量还是补不回来。忙起来该睡的时候不睡，该吃的时候不吃，闲下来“暴撮”、“暴睡”，弄乱了身体原本平衡稳定的架构。长此以往，衰老的“加速度”怎么能够不增大呢？

出现雌激素缺乏的现象不要急着补，只要不是特别严重，99% 的人是可以通过自我调节而康复的，按照大自然的本来节奏去作息，该吃则吃该睡则睡，累了歇一歇，僵住了活动活动，保持生活完美的平衡，雌激素自然也就平衡了。

排毒养颜，神清气爽

◎“毒”从何来

“排毒养颜”的理念早已深入人心，尤其是深入美女心，很多人都知道毒素在身体内堆积会引起疾病和衰老，却不知道那“毒”到底是什么，打哪儿来。

西医认为，人体内脂肪、糖、蛋白质等物质新陈代谢产生的废物和肠道内食物残渣腐败后的产物是体内毒素的主要来源。一句话，就是人体不需要的垃圾。

中医认为，对人体有害的皆为“毒”。“毒”分为两种：一种是体内代谢产物——这一点与西医的观点是一致的，肌肤状况的改变与体内之毒有着直接的联系。此外，还有人体的精神毒素——压力。压力导致我们的身体无法正常排出其他毒素，陷入整体紊乱的状态。另一种是外来之毒，指外部环境的空气、水、饮食中所含的侵害人体的毒。比如细菌、病毒、残存农药等。

◎排毒不要太给力

基于“毒气森森”的内外环境，很多人都选择洗肠、吃药来排毒，却不知道那实在是一个严重的错误，过度排毒绝对要不得。

人体的排便、排尿和出汗就是在“排毒”。只要人的身体机能运转正常，完全可以依赖自身的“排毒”功能，将毒素基本排出体外，无需再施以外力。

当然我们也可以用一些方法来加快身体的排毒速度，让身体更加清爽有活力。

◎ 最简便易行的“排毒”法

1. 多吃蔬菜、水果和杂粮，少吃高脂肪食物，以便帮助身体化解和排出毒素；多吃胡萝卜、大蒜、葡萄、无花果等来帮助肝脏排毒；多吃黄瓜、樱桃等蔬果来帮助肾脏排毒；多吃魔芋、黑木耳、海带、猪血、苹果、草莓、蜂蜜、糙米等食物来帮助肠道排毒。

2. 多喝水，保持大便通畅。

3. 适当地跑跑步，做做瑜伽，出出汗，加快身体的代谢速度，以达到彻底“排毒”的目的。最重要的是，一定要保持心情舒畅，保证充足睡眠。

选择科学的生活方式，比花钱买“排毒”胶囊吃更有意义。

◎ 独家排毒小秘方

眼睛对于女人，尤其是爱哭的女人，也是一个排毒武器！医学专家证实，流出的眼泪里含有大量对健康不利的有害物质。平时很少流泪的姐妹，周末的时候不妨找一部感人的连续剧来让你的泪腺运动一次吧，不但可以借机发泄一下平时心里的不痛快，还能排毒养颜，可谓一举两得！

肌肤乃五脏之镜
——五脏盛衰决定肌肤状态

“心”的活力是驻颜之本

◎ 养颜先要养心

《黄帝内经》里记载说：“女子五七阳明脉衰，面始焦，发始堕，六七三阳脉衰于上，面皆焦，发始白。七七任脉虚，太冲脉衰少，天葵竭，地道不通，故形坏而无子也。”

这段话的意思是，女子的衰老首先从阳明经开始，慢慢地导致三条阳经气血逐渐衰退。头为诸阳之会，气血不能上达于面部，就会长皱纹和斑点。

心主神，其华在面。心之神主要靠气血来充盈，心气能推动血液的运行，从而将营养物质输送至全身。心脏功能的盛衰都可以从面部的肤色上表现出来。

心气旺盛，心血充盈，则面部红润有光泽。若心气不足，心血少，面部供血不足，肌肤得不到滋养，就会变成黄脸婆，所以女人养颜首先要养心。

◎ 美容穴位——内关穴

我们的身体上有一个穴位，堪称是补益气血、安神养颜的“美容穴”，叫做“内关穴”。

有关内关穴的记载，最早见于《黄帝内经·灵枢·经脉篇》，它所属的这条经络叫心包经，通于任脉，会于阴维，是八脉交会穴之一。内关穴的真正妙用，在于能打开人体内在机关，有疏通气血、调和情志之功。

心情不好的时候不妨点揉几分钟内关穴，调心养心、打开内心的结，你才能变得更美丽。

内关穴很好找，将右手 3 个手指头并拢，把 3 个手指头中的无名指放在左手腕横纹上，这时右手食指和左手手腕交叉点的中点，就是内关穴。如果觉得还找不准，你可以攥一下拳头，攥完拳头之后，手腕上有两根筋，内关穴就在两根筋中间的位置。

这个穴位随时随地都可以点揉，以略感酸胀为宜。

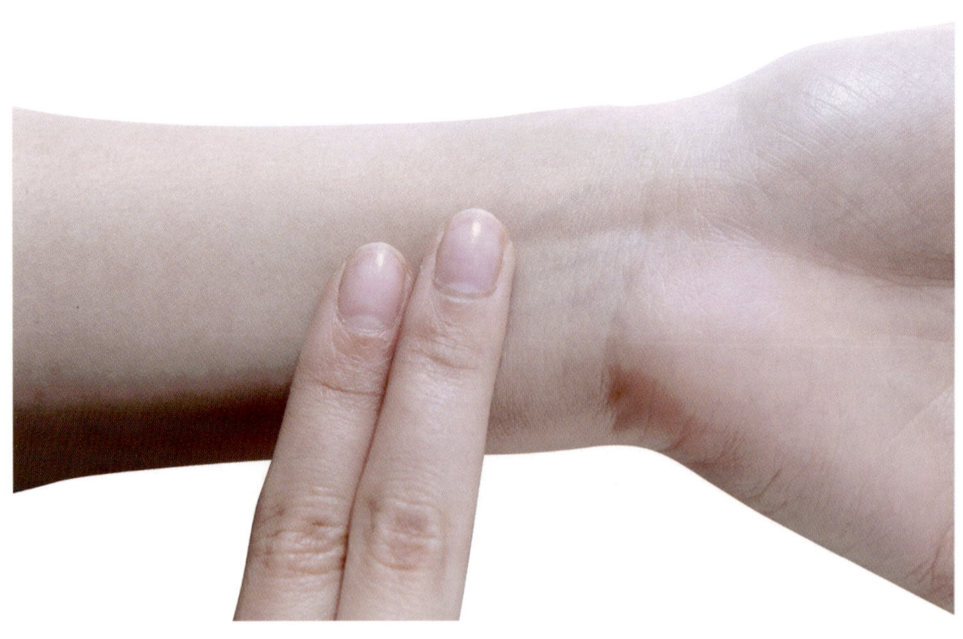

美女护肝行动：为肝脏减负

◎ 肝是人体的“中央银行”

如果把身体中的气、血、水比喻为健康的三大本钱，那么我们的肝就像一个“中央银行”，负责管理这三大本钱的流通。

女人一生以血为重，肝负责“造血”、“储藏”、“调节血量”和向各脏器“输送血液”，还有分解营养、调节激素等功能，还是人体最强的解毒排毒系统和营养输送系统，滋养着我们全身的脏器。若肝不能完成这些工作，则会导致分泌失调，气血不和。

肝主面，肝气疏泄条达则气色红润，神清气爽。如果肝脏的负担过重，反映到肌肤上就是脸色暗暗的，还可能会长斑。

我们说的护肝行动就是要减轻肝脏负担，增加肝脏营养和改善肝脏供血。

◎ 护肝三部曲

饮食、睡眠、情绪，都极大地影响着肝脏的疏泄功能，要减轻肝脏负担就得从这三大方面入手。

饮食要均衡

在饮食上，我们要懂得自己去平衡：油腻与清淡，荤与素搭配好，相得益彰，蔬果不妨多一点，平衡身体的pH；不要暴饮暴食，也不要吃了上顿没下顿，这种饥饱不匀的饮食习惯极易导致肝脏功能的失调；辛辣、刺激的食物，也是引起肝火的原因，最好不要辣不离口；天然原味的绿色青菜和水果，不会增加肝脏负担，又富含抗氧化物，对肝细胞的修补有很大帮助。

睡眠要优质

肝主藏血，《黄帝内经》中提到："人卧则血归于肝。"有了优质的睡眠，肝脏才可以得到完全的修护。优质的睡眠至少要保证两个方面，一是足够的睡眠时间；二是黄金睡眠时间。

23点至凌晨3点是肝脏自我修复、新陈代谢的时间，应让身体得到完全的休息，睡眠时肝脏的负担最轻。而且睡眠时人体是卧着的，肝脏能享受更多血液的滋养，流经肝脏的血液最多，有利于肝脏修复，否则肝的修复功能受到影响，连带思考能力也会变得迟缓，久而久之，人就变笨了！

女人的美丽需要充足的睡眠说的就是这个道理，23点至凌晨3点的"美容觉"时间，此时肝脏正在繁忙地清理身体内的垃圾，消灭有毒物质。如果这段时间不睡觉，就会肌肤粗糙、容易疲劳、口苦咽干、火气大。

情绪要平和

在中医理论里，情绪的不良变化，会挫伤五脏六腑，表现为身体不适或出现病痛。七情之中最不利于肝的就是怒。肝主疏泄，喜条达，以通为顺，怒会导致肝的疏泄失常，造成肝气郁滞，时间一长易惹病上身。有人说往往在生气的时候才能看出一个人的涵养，所以我们平时要注意调节情志，不要轻易动怒，做一个平和优雅的女人，对肝好，也有利于个人气质的修炼。

要肤色白皙，须要先强肺

◎ 很多肌肤问题都要靠养肺来调理

我们的身体主要靠三个途径排除毒素——小便、大便、出汗。肺主皮毛，调节汗液排泄，通调水道，能使毒素从汗而出。肺与大肠相表里，肺的肃降能让毒素从大便而出。

可见肺脏在美容养颜中的重要作用，所以，肺功能不正常了，导致大便不畅，身体中的毒素滞留体内，会导致肌肤粗糙，肤色不亮，脸上长痘痘等。肺与肌肤有着密切的关系，往往皮炎等都可以归结到肺，有很多肌肤问题都需要靠养肺来调理。

◎ 瑜伽双式，强肺美容

猫式

猫式瑜伽能有效消除疲劳，增加肺活量，舒缓身心，更可强化肩、颈、背部肌肉，具有健胸、收腹和美化背部的功效。

弓式

这套动作有助于调理肺脏，活化脊柱，滋养脊神经，强健腹部器官，有助于减少腰腹赘肉，还可缓解痛经，矫正子宫脱垂。

1 身体俯卧，下颌着地。

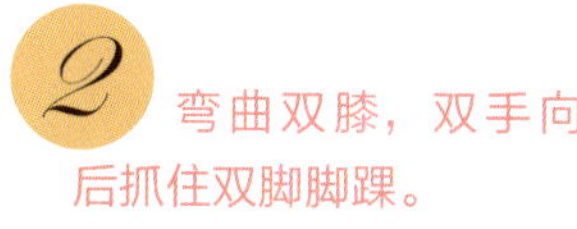

2 弯曲双膝，双手向后抓住双脚脚踝。

小贴士：

甲亢、严重咽喉疾病患者慎做。

3 双脚用力向后向上伸展，拉动双臂使胸部和大腿抬离地面，身体重心集中在腹部，眼睛向上看。

4 呼气，放松身体，还原于地面。

照顾好脾胃才能有美貌

◎脾胃是气血生化之源

如果感到自己脸色很差，疲乏无力，精力不足，就应该注意一下自己的脾胃功能了。脾胃功能好的人，精神状态良好，肌肤也比较干净白嫩；相反，脾胃功能差的人，往往整个人显得没精神，肌肤也没有光泽。

脾是人的后天之本，气血生化之源。就像植物的根一样，吸收营养全靠它。脾胃功能差，再有营养的食物吃进去也不能被充分吸收，容易造成气血生成少，不能滋养肌肤，所以脸色看上去很差，显得苍白，没有光泽。

可见，要想使自己的肌肤变得白皙，富有光泽，就得调理好脾胃。

◎美丽从三白汤开始

中医一直强调以内养外，内在功能兴盛，外在的样貌才好看。这里为大家推荐一款美白小药方——三白汤，由内而外调养身体，既养生又养颜。

三白汤

三白汤是由白芍、白术、白茯苓，再加一味甘草四味药材组成的养颜汤。这四味药材有一个共同的特性，就是都归脾经，都有补脾胃的功效，可以健脾和胃，改善脾胃虚弱的状况。脾胃好了，肌肤自然就有光彩了。这四种药材都很常见，一般的中药店都可以买到。

做法：

1. 用水煎汤喝即可。

2. 做成泡茶袋：取白术、白芍、白茯苓各 150g，甘草 75g，分别研磨成粗粉末，混合均匀，装入 30 个小纱布包中，每天拿 1 包用开水冲泡，1 个月后，干净白皙的肤色就属于你了！

美白小食方——薏米山药粥

用薏米粉和山药粉以 1 ： 1 的比例煮粥喝，每天 1 碗，对脾胃大有益处。

肾气不足：憔悴又早衰

◎补肾是女人的容颜新革命

说起补肾，那似乎是男人的专利，无关女人，非也非也。作为“先天之本，生命之根”的肾对女人同样重要。女人不仅会肾虚，而且比例并不比男人低。

要是你总有那种经常往卫生间跑的尴尬，而且量少次多；如果你总是掉头发，并且头发没有光泽；如果你有大大的黑眼圈，浮肿的“熊猫眼”；如果你总是精神萎靡、腰膝酸软、记忆力下降。那么，你应该补肾了。

女性肾气最盛是在 21 岁左右，25 岁之后，就开始衰退。对肾好一点，你就能容光焕发，拥有娇艳的花容月貌。补肾，简直可以说是女人的一场容颜新革命。

◎保暖·食补·按摩·有效护肾

1. 注意保暖，防止着凉是养肾护肾一个最基本的方法。

2. 多吃些补肾的食物，如枸杞、山药、栗子、韭菜、羊肉、狗肉、芝麻、核桃等，也能有效护肾。

3. 泡脚、按摩

《黄帝内经》中说：“肾出于涌泉，涌泉者足心也。”意思是，肾经之气犹如源泉之水，来源于足下，涌出灌溉周身四肢各处。所以泡脚时按摩 ，能够有效护肾。

涌泉穴在人体足底穴位，位于足前部凹陷处第 2、3 趾趾缝纹头端与足跟连线的前 1/3 处，是肾经的首穴。

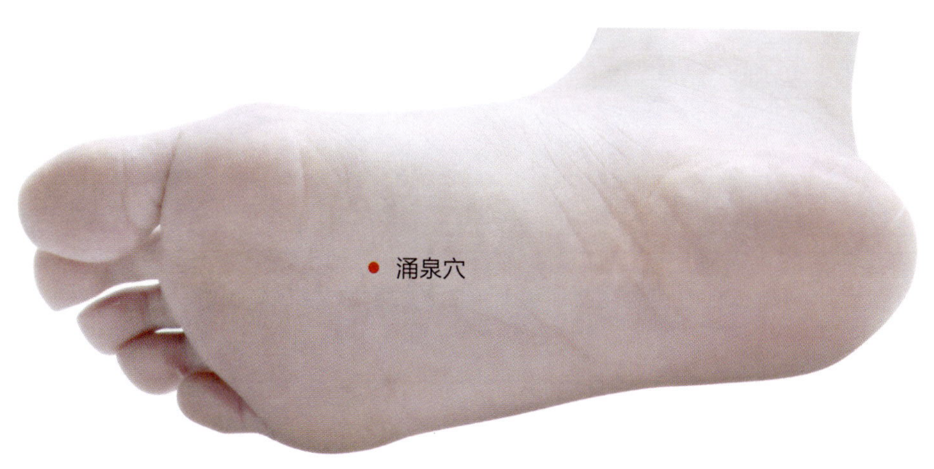

第二章

都是松弛惹的祸

——紧致才是抗衰最重要的一环

松弛，是衰老的第一步

松弛是很多衰老表征的源头

衰老是悄悄地，一寸寸地潜入我们体内的，在不知不觉中一点点改变我们的面容和体态。而松弛，就是衰老的第一步，远远出现在皱纹、眼袋、赘肉等衰老现象之前。

即使最豁达的女人能够把皱纹当作岁月的礼物，但相信“松弛”，绝对是女人解不开的心结、挥不去的噩梦。

对于女人来说，一“松”百丑，赘肉、皱纹、毛孔、眼袋等都是表象，松弛才是问题的根源。肌肉、肌肤的松弛带来一系列问题，使人显得衰老和憔悴。

过了 25 岁以后，也许你觉得青春并未远去，镜中的自己依然年轻靓丽。可是，你有没有过这种体验：有一天你低下头看镜子的时候，突然发现两颊的肉似乎有点下垂，肌肤的轮廓也没有那么紧致了。

这时候你可能会感到非常懊恼：如果你的脸上长了斑或者出现恼人的皱纹，你可能会在第一时间发现，而清秀的瓜子脸什么时候变成了恼人的双下巴，紧致的双颊什么时候开始微微下垂？你竟全不知晓。如果轮廓感已经松弛了，即使肌肤依旧无瑕，整个人看上去仍然不会感觉年轻。

设想一下，如果有一天，松弛现象持续加重，你的肌肤失去弹性，脸上长满皱纹，毛孔变大，眼睛长出眼袋，出现双下巴，小腹下坠，腰上满是赘肉，身材变得臃肿……我想你一定要尖叫了，这是多么恐怖的事情！那么，你想过吗，这一切的“罪魁祸首”是谁？女人美丽容颜和窈窕身材最大的敌人，不是赘肉，不是皱纹，不是毛孔，不是眼袋……而是——松弛！

地心引力是松弛的元凶

是什么让我们的肌肤失去了往日的弹性？地心引力是衰老的元凶。

肌肤的松懈、下垂等现象都与地心引力有关。女人最怕地心引力，它会让我们的眼睛、脸颊、胸部、腹部、臀部下垂，肌肤也逐渐变得缺乏弹性。由于地心引力而导致的肌肤松弛是必然会出现的现象，有人选择忽视接受，也有人则藉由高风险的拉皮手术来还原青春。往日如花般的娇柔，如今却松松垮垮，仿佛濒临垮塌的房屋，再也经不起任何折腾。所以，要想在本源问题上防老抗衰，战胜重力才是肌肤健康、富有弹性和活力的关键。

所以说，地心引力这个词语不仅仅是个物理名词，对于防老抗衰，也有着十分重要的意义。紧致肌肤因此成为你抗老战役中最重要的一环。

肌肤的松弛老化，有着一定的顺序，一般而言是手比脸早，脸比身体早。

对抗衰老，是女性美丽的终极目标。为了让自己永远都青春美丽，女性势必要付出很多心血和时间来保养。所以作为抗老的重要环节，紧致肌肤自然也要用心来做。

从岁月手中抢夺青春，让肌肤保有紧致状态，让整个人看起来年轻飞扬，并不是一个神话。美丽是一种需要付出心力的持之以恒的努力，也是收益最大的投资。注意平常的生活习惯、饮食习惯、护肤习惯，对紧致肌肤起着举足轻重的作用。

在这本书里，我们将要开始一个全面紧致提拉身体的课程，为你提供包括运动方式，抗松弛的饮品食物，各种美容美体的方法，方便有效的 DIY 紧致敷膜等对抗肌肤松弛的重要武器。从眼睛到脚踝，细致到你的每一寸肌肤。

姐妹们，从现在开始，让我们一起开始一场对抗地心引力的紧致革命吧！

从眼睛到脚踝，
一场全面提拉的紧致革命

眼部肌肤，全身最薄最易松弛的部位

◎ 抗眼袋按摩

眼部肌肤是脸部最脆弱敏感的部位，其厚度只有面颊肌肤的 1/4，最不抗老，但又是脸部活动最频繁的部位，我们每天差不多要眨眼 10 万多次，所以眼角纹就成了脸上最易出现的皱纹。

松弛的顺序

1. 上眼睑肌肤最先开始松弛，有时单眼皮的人还会变成双眼皮。

2. 下眼睑肌肤也开始变得松弛，出现与眼睑呈同心圆状分布的皱纹，眼角边的阴影也很明显。

3. 最最恼人的是眼袋，眼袋一旦出现就很难逆转，外貌看起来至少要增龄 5 岁。

不知姐妹们是否注意了，身边眼袋问题比较严重的，往往是那些长期处在精神压力中，生活不规律的女人。只有疏解情绪、改善睡眠和调理肾脏机能，才能让眼下肌肤重新“紧”回来。

按摩眼周穴位

当连续几天睡眠不足，或长时间使用电脑后，按摩眼周的穴位可以缓解眼部疲劳，促进血液循环，顺畅的血流可以改善肌肤的松弛问题，尤其对消除因血液循环不畅而形成的眼袋有很好的效果。

1. 用拇指指肚轻轻向上按压攒竹穴，攒竹穴位于眉头浅浅下陷处。

2. 用食指或中指指肚轻柔而缓慢地向内侧按压丝竹空穴，丝竹空穴位于眉尾稍稍下陷处。

3. 用中指向内轻轻地按压太阳穴，太阳穴的位置我们都很熟悉，在眉尾与眼尾连接线中心向外 1.5cm 处。

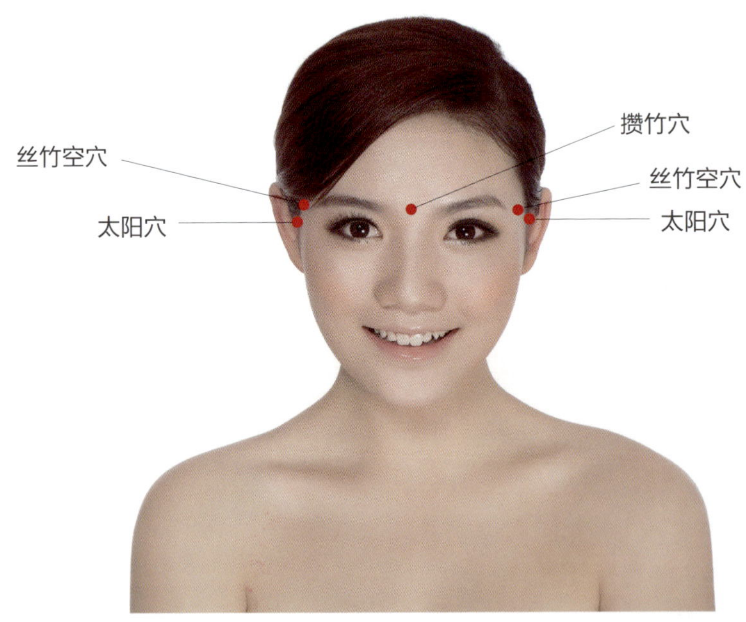

小贴士：按摩完以后，用搓热的掌心或热毛巾温敷双眼，闭上眼睛放松眼肌好好休息一会儿，再搽点眼霜，迅速轻拍眼睛下方眼角帮助眼霜吸收。

◎食疗防止肌肤松弛

女人进入 30 岁，我们肌肤的重要组成部分——胶原蛋白及弹力素，就开始支离破碎。到了更年期，肌肤已基本不再坚实紧绷，松弛更为严重，肌肤问题就显得尤为糟糕。

导致松弛的原因有很多，如年龄增长、美容护肤不到位等。要想肌肤不再被松弛所困扰，你不妨试试食疗。

补充核酸

我们都知道，蛋白质能使肌肤富有弹性，在蛋白质合成中起着重要作用的物质是核酸，它能延缓肌肤老化、减少松弛现象。我们身体合成核酸的能力随着年龄的增长而减弱，所以需要从食物中摄取。

兔肉、鱼虾、牡蛎、猪肝等食物都富含核酸，对抗皱抗松弛很有帮助。

补充骨胶原

美容界最经典的抗松弛配方是为肌肤补充骨胶原。骨胶原可以从猪脚、猪耳、筋、鸡爪、海参等食物中摄取。如果怕胖，食用时可将食物煮烂，冰冻后去除上层的油脂和杂质，食用凝固后的凝胶质。

补血

因气血不足得不到充足营养的肌肤，容易提早衰老，呈现松弛现象。所以我们应该在饮食中多摄取一些补血、改善血流不畅的食物，比如核桃、芝麻、大豆、花生等，营造肌肤真皮血液的健康循环状态，可以有效地保持肌肤的紧致。

经常进行脸部运动，也是很好的预防肌肤松弛的方法。身体如果不锻炼，脂肪就容易堆积而形成赘肉，脸也是一样，所以锻炼脸部的肌肉相当重要。每天坚持食疗，并做俏脸普拉提，紧俏小脸每个人都可以拥有。

俏脸普拉提，拯救松弛脸颊

◎ 每天 3 分钟，肌肤变紧致

脸部一旦出现松弛，除了涂抹紧致产品外，选用滋润的按摩产品加上适当的按摩可以刺激血液循环，进一步帮助紧致肌肤，使护理的效果事半功倍。每天只需在洗脸后花上 3 分钟，就可以让肌肤立即恢复紧致的外观。

1. 用食指的关节从颧骨最高处向发际的方向拉伸，按压几秒钟，直到稍感疼痛为止。

2. 用食指的关节从鼻翼两侧沿着颧骨下方呈八字形按压。

3. 用并拢的四指从嘴角边开始，通过鼻翼向上拉面部肌肉，同时，在面颊上画大圈，直到下颌。

4. 用四指从下颌尖开始，向耳朵的下方拉面部轮廓线条。

颈纹如同女人的年轮

◎ 女人美颈保卫战

“她的结发的格式并不惹人注目。引人注目的，只是常散在她颈上和鬓边的她那小小的执拗的发鬈，那增添了她的妩媚。在她那美好的，结实的颈子上围着一串珍珠。”这是托尔斯泰对安娜·卡列尼娜在一次舞会上出场的描写。

我们可以想象，在晶莹的珍珠、俏皮的发鬈和黑色天鹅绒晚礼服的衬托下，安娜洁白如象牙的紧致颈部该是多么美丽！

而徐志摩的描写：“最是那一低头的温柔，像一朵水莲花不胜凉风的娇羞。”又是另一番风情了。如果一低头，诗人看见的是一个松弛粗糙的颈部，那可太煞风景了。

女人的身体哪儿最先老？颈部。如果光重视照顾面子，即使你拥有一张看起来年轻的脸，但“老化”的表情依然会毫不留情地昭告你有多少岁。就像数数年轮就能知道树龄，数数女人颈部的颈纹就足以昭示这个女人的“老化”程度。

难怪男人感叹：“马路上的美女个个花枝招展。40 岁的像 30 岁，30 岁的像 20 岁，可你再把视线从脸上向下移 3 厘米，马上就原形毕露！”。

呜呼！做女人难，做个美颈女人更难！颈部从来都不经意地展露着女人的性感，也总能在轻移顾盼间，左右人们的视线。然而，我们给予颈部的关爱与呵护却少之又少，久而久之，原本颀长柔滑的颈部日渐松弛、生出皱纹，甚至沉积了许多脂肪。身为女人，应该立即行动起来：拒绝松弛，打一场完美的护颈保卫战！

◎ 呵护颈部，实施美颈方略

我们的颈部为什么极易生出皱纹呢？

1. 颈部肌肤十分薄弱，且皮脂分泌较少，持水能力比面部要差许多，从而容易导致干燥，让皱纹悄然滋生。

2. 我们在日常生活和工作中的不良姿势，过多地压迫颈部，如枕过高的枕头睡觉；只顾埋头工作，很少利用间隙抬抬头，活动活动颈部；用脖子夹着电话听筒煲电话粥；不注意颈部的防晒等，都极易加速颈部肌肤的老化和松弛，而类似这种皱纹一旦产生，便很难恢复其弹性，使之完全消除。

颈部的生理结构，以及我们长期忽视护理，以及不良的生活和工作习惯，都是致使颈部肌肤丧失水嫩平滑的重要原因，要想保持颈部的完美与紧致，就要从现在起加强对颈部肌肤的关爱与呵护，让我们一同实施美颈方略吧！

加强颈部护理

颈部肌肤持水能力差，容易干燥，保湿、滋润理所当然地成为了我们护理颈部肌肤的重中之重。

1. 每天洁面时别忘了清洁颈部，为颈部肌肤能够吸收更多的营养扫清障碍。

2. 每天早晚坚持涂抹颈霜，最好是滋润型的颈霜或晚霜。护肤产品含有的让肌肤紧致、滋润、抗老化的成分，能够延缓颈部皱纹的出现。

3. 把好防晒关。我们防晒工作的范围是从下鄂直至胸肩部，紫外线是造成颈部肌肤老化的元凶。

4. 定期做专业颈部护理。定期去专业美容院做颈部护理，可以很好地改善颈部肌肤松弛、缺水以及轮廓感下降的问题。

坚持颈部按摩

如果脖子又胖又松弛，就会出现很多赘肉，解决这个状况最简单的方法就是按摩。

1. 抬头，双手交替放在脖子的正前方，四指并拢，稍用力将颈部的肌肤向上推，一直推到下巴。

2. 抬头，反手翻转手腕，用同样的方法用力将脖子两侧的肌肤向上推。

3. 平视，双手放在下颌的底部，将下颌部分的肌肤向上并向两侧推。

4. 平视，双手放在脖子的根部，先将颈根部的肌肤向下推，到达锁骨以后，再将肌肤向两侧推。

这套按摩方法非常有用，每天坚持按摩还有助于显现出锁骨的线条，这对姐妹们来说算是不小的诱惑吧？

◎ 随时都可练习的颈部操

不是每个人天生就能拥有一个天鹅般的美颈，但是，我们可以通过后天的运动练习，让自己的脖子更加紧致优美。

颈部操

前、后、左、右交替转动颈部

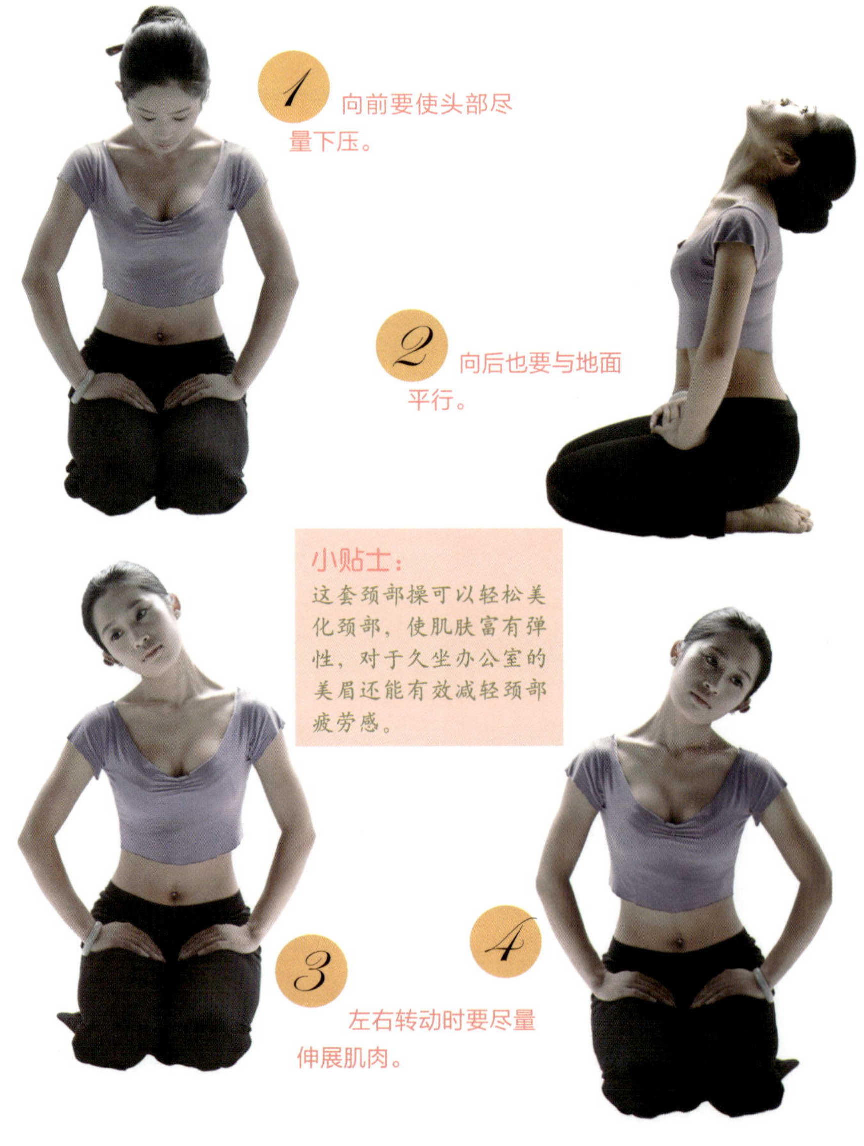

◎美女必备护颈记事簿

要想做个美颈佳人，时时刻刻都要关爱娇嫩的颈部。护颈记事簿，美女不可不备！

1. 冬天，很多姐妹喜欢穿高领毛衣，又保暖又好看，但记得要在毛衣里面穿一件棉质高领上衣，避免颈部与毛衣领磨擦。

2. 晚上为颈部按摩时，选择有美白功效的按摩膏，使颈纹的色素减少。

3. 不要用太热的水擦洗颈部肌肤，以免刺激肌肤老化及出现颈纹。

4. 如果以面霜代替颈霜，以乳液为佳，既利于按摩，又易于吸收。选用一些含有保湿成分的乳液，像维生素 E、海藻、芦荟、银杏、维生素 C、氨基酸等，在按摩时，还可滴上几滴薰衣草、玫瑰或是迷迭香精油来刺激、活化细胞。

5. 不要将香水直接喷涂于颈部肌肤，最好喷在衣服内侧。

6. 煲鸡骨头汤喝，鸡骨头汤中的软骨素可以提高肌肤纤维的弹力。将猪蹄和黄花菜一起炖，其胶质亦能增加肌肤的弹性。

7. 多喝水。一天至少 2000ml（即 6 ~ 8 杯）才能满足细胞所需要的水分。

8. 颈部肌肉紧张会加速肌肤老化，皱纹速增。缓解颈部肌肉紧张最简单的方法就是躺下来，解除我们颈上的头部大约 6 千克重的负担！

9. 用冷、热敷消除僵硬的颈部肌肉疼痛。若颈部因为僵硬感到疼痛的话，建议用冷敷较好：将碎冰块装入塑料袋中，再用毛巾包裹使用，若感觉太冰，可拿开一阵子再敷，冷敷总时间最好不要超过 20 分钟。

10. 选用化妆品时，侧重能补充肌肤营养，及有紧肤作用的维生素 A、维生素 D，以帮助肌肤结缔组织复原，改变松弛现象。

11. 轻拍颈部比轻拍脸部更为重要。用手背轻拍颈部时，双手左右交替，沿着颈部两侧从下向上轻轻地拍打，也可由下往上擦拭数遍，以提升肌肉组织和增强血液循环。

12. 避免缩脖子的习惯，尤其是高耸肩膀，容易使体形变难看。

13. 在寒冷和干燥的季节，围巾是抗紫外线和外在环境对颈部损害的必备之物。

胸部下垂是不是不可避免的宿命？

◎ 女人必须要“挺”好

乳房的形状，最美是浑圆、丰满、挺拔。这个世界上，再没有什么被要求得这么苛刻。女性在胸部尺寸大小中的努力几乎成就了一部伟大的编年史。

除了大小和形状以外，胸部的质感也非常重要。古代的诗词中，也有很多以胸部有弹性、韧性和质感为美的句子，韩偓的《席上有赠》中“粉着兰胸雪压梅”一句，不光描摹了胸部的白净，并且传达出一种质感的美。

在讲求“健康就是美”的现代社会里，女性乳房“美”的功能已渐渐成为美女标准的必要条件之一。每一个女性都希望有一对丰满而富有弹性的乳房，但是我们的乳房是全身最柔软的一个脂肪组织，它没有一点肌肉力量支撑，如果保护不好，很容易就会松弛下垂。

女性胸部下垂有诸多因素

1. 遗传因素。

2. 发育指数，发育程度不同胸部受到的重力也不同。

3. 年龄因素，年轻的时候，胸内部韧带比较紧，肌肤相对而言也比较紧致，随着年龄的增长，韧带能力也随之下降，肌肤开始出现松弛的趋势，这样一来也会造成胸部下垂。

经常伏案工作、使用电脑的女人最常见的姿势是屈身在办公桌、电脑前，长时间保持含胸的姿势。长时间保持这样的姿势不仅会影响乳房的挺拔度，而且乳房还会有胀痛感、刺痛感等。另外，长时间保持哈腰驼背、双手双肩下垂的状态，使胸部经常处于下坠和松弛状态，容易导致胸部明显下垂甚至变小。

如何保持和塑造完美的胸型？饮食调养搭配紧胸运动，就可以做到。

◎ 紧胸二式

第一式

真正让胸部集中坚挺，避免松弛，拥有完美迷人的上围曲线！

1 跪坐在垫子上，吸气，抬头挺胸，伸直背部肌肉，双手合十至胸前，彻底撑开肘部，并注意不要摆动双肩。

2 吐气，保持让胸部用力的状态，同时在手心上用力，相互推压般缓慢地向左移动。

小贴士：
这一招的动作重点是胸部用力而不是臂膀。全身挺直，只有两只小臂相抵成直线左右动作，别忘了舒缓地吸气吐气。

3 当手到达中心位置时，进行吸气。

4 吐气，保持让胸部用力的状态，同时在手心上用力，相互推压般缓慢地向右移动。

第二式

1 双手侧平举，双手手心向下。

2 双臂在胸前位置交叉合掌。

3 手臂伸直，向上抬高到头顶上方，双臂紧贴耳侧。

◎ 最有效的丰胸运动

1 身体成四角板凳式跪立。

小贴士：
做此练习时，一定要收紧腹肌，当身体放下时，腰不要塌下。只要养成每天都做的习惯，不但能丰胸，还能缩小腹部。

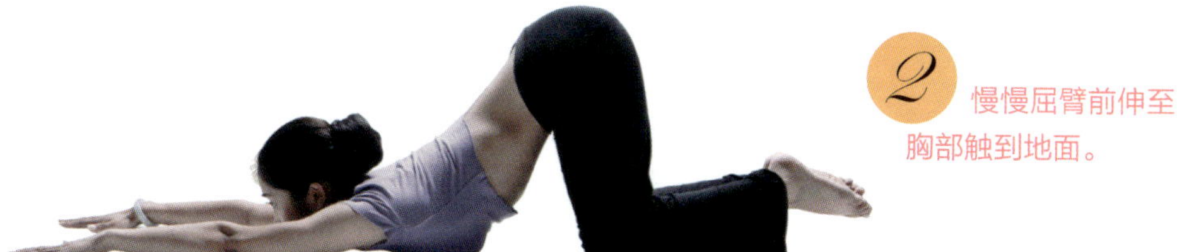

2 慢慢屈臂前伸至胸部触到地面。

3 再慢慢将身体向上推，回到原位。

◎ 美胸“食”用主义

哪些食物有助于胸部坚挺，称得上是美胸食物呢？

胶质类食物可以列为榜首。胶质类食物可以使乳房的脂肪增加，多食胶质类食物具有相当好的丰胸效果。这类食物包括猪蹄、猪尾巴、鸡爪、牛蹄筋、海参等。

水果类的美胸食物有木瓜、水蜜桃、香蕉、苹果、樱桃、栗子、橄榄、龙眼等。尤其值得一提的是木瓜，特别是青木瓜，含有较多的木瓜酵素，加鱼、肉类一起煮，可帮助蛋白质消化，促进乳腺的发育，同时它还是新妈妈的最佳营养食物之一，可以促进乳汁的分泌。

蔬菜类的美胸食物有番茄、茄子、胡萝卜、莴苣、生菜、油麦菜、莴笋、花椰菜、地瓜叶、甘蓝菜、玉米、马铃薯等。其中叶菜类食物中，以莴苣菜最具有丰胸效果，其次是油麦菜和莴笋。

核果类的食物美胸效果也不错，如核桃、杏仁、腰果、花生、莲子、芝麻、黄豆、豌豆、葵花子等。

◎ 美胸丰胸菜

鱼肉豆腐汤

材料：鲫鱼 1 条，豆腐适量，盐，生姜片各适量。

做法：将鱼处理干净，洗净；锅内加水，将鱼倒入锅中，用小火慢炖至鱼熟；倒入豆腐、生姜片；待鱼汤煮至奶白色，再加盐调味。

功效：豆腐是美白良品，且富含植物雌激素，鱼含有优质蛋白，一起食用具有美白、养血、丰胸等功效，尤其是对肾阴不足、阴血亏虚所致的乳房发育不良的女性来说，丰胸效果更加显著。

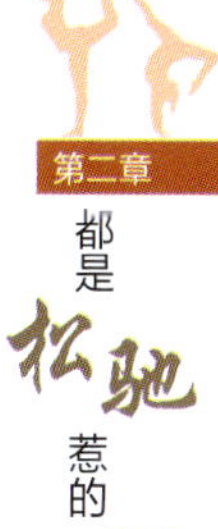

姜醋猪蹄汤

材料：猪蹄 2 个、生姜、香醋各适量。

做法：将猪蹄洗净，用开水焯烫，去血丝，捞起备用；锅内加水，倒入猪蹄、生姜、香醋，用大火煮开，再转小火慢炖 1 小时。

功效：猪蹄可以丰胸、美颜，姜和香醋是排毒良品，经常喝可以使胸部丰满，面色红润。

酪梨丰胸

材料：酪梨半个，鲜奶 250ml、核桃、蜂蜜各适量。

做法：挖出酪梨的果肉；加入适量鲜奶、核桃、蜂蜜，搅打成汁，即可饮用。

功效：酪梨中含有丰富的不饱和脂肪酸，能增加胸部组织弹性；酪梨中含有的维生素 A 能促进女性荷尔蒙分泌，维生素 C 能防止胸部变形，维生素 E 则有益胸部发育；鲜奶和核桃中含有的蛋白质和脂质能增进乳房海绵体膨胀，也有丰胸功效。

酒酿丰胸

材料：酒酿、水各适量。

做法：酒酿加水，放入微波炉中热 2 分钟左右即可，或制成酒酿蛋、酒酿汤圆。

功效：月经来潮前早晚食用 1 次，效果更佳，因为酒酿中含有能促进女性胸部细胞丰满的天然荷尔蒙，其酒精成分也有助于改善胸部血液循环。

药膳丰胸

材料：花生 100g、去核红枣 100g、黄芪 20g。

做法：将花生、红枣、黄芪熬成粥。

功效：经期后连食 7 天。这是一道流传至今的清宫御用药膳，传说是太医特别为慈禧研制的丰胸秘方。花生含有丰富的蛋白质及油脂，红枣能生津，调节内分泌，黄芪行气活血，三者搭配能使胸部尺寸升级到你满意的状态，同时还能温暖子宫提高受孕率。

◎ 胸部下垂如何选择文胸

内衣以它神奇的修饰形体和塑造曲线的功能让女人爱不释手。女人应该好好分析自己乳房的特征，为自己选择既能展示自己的优点、掩饰自己的缺点，又舒适修身的文胸。

1. 如何选择文胸？

选择比平时大 1 号的文胸，文胸要带有钢圈以及侧部加强功能，使之加强衬托，由下往上地支撑。

考虑肩带的宽度，肩带要能圆满地托起乳房的重量，使乳房的位置提高。

选择全罩杯文胸，全罩杯文胸能把乳房全部填入罩杯内，将胸部衬托起来。

2. 如何正确穿文胸?

手臂穿过肩带，肩带自然落在肩上。

上身倾斜 45°，让乳房自然落入罩杯内，扣上背扣。

用手将乳房完全托住放入罩杯，然后轻按罩杯底幅边缘，固定文胸位置。

把侧边乳肉充分推入罩杯内，移正杯位，使乳房被完美地包容，达到顺滑、服帖的效果。

调整肩带长度，松紧适度，使肩部感到自然无压力。

调整背部的横带，使之与罩杯位底部呈水平，背部横带不宜拉得过高。

3. 不要多穿无肩带式内衣！少了肩带帮助的内衣，支撑性减弱，乳房容易下垂。

4. 内衣要常换。如果发现内衣钢圈变形，或肩带失去弹性，就应该马上更换内衣，这样才能让内衣的效果一直保持良好。一般内衣的连续使用寿命为 2~3 个月。

紧致腰线尽“腰”娆

腰部曲线是身体曲线的关键，腰身若恰到好处，即使胸部不够丰满，臀部不够挺翘，视觉上仍会给人曲线玲珑、峰峦起伏的美感。怎样才能得到完美腰线，尽显“腰”娆呢？

◎ 柔腰练习组

柔腰练习组一：旋腰拉锯

1 双腿微分，垂直坐于垫子上，双臂侧伸展，齐肩，手心向下；双脚脚趾指向天花板；腰部收紧上提。

2 吸气，腰部用力侧扭转。

动作效果：收缩并柔软腰腹斜肌，舒展腿后肌肉和韧带，排除体内浊气，增强血液循环以及柔韧性和控制力。

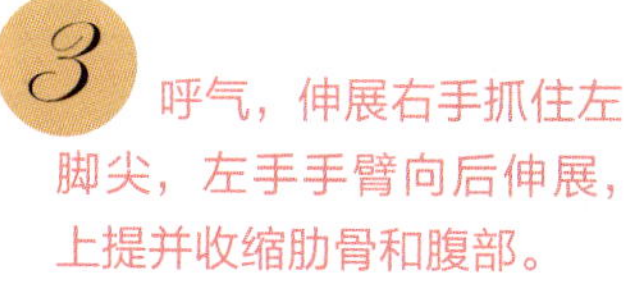

3 呼气，伸展右手抓住左脚尖，左手手臂向后伸展，上提并收缩肋骨和腹部。

柔腰练习组二：侧卧踢腿

1 身体侧卧，一只手托住头部，另一只手扶在身体前方的地面上协调身体的平衡。

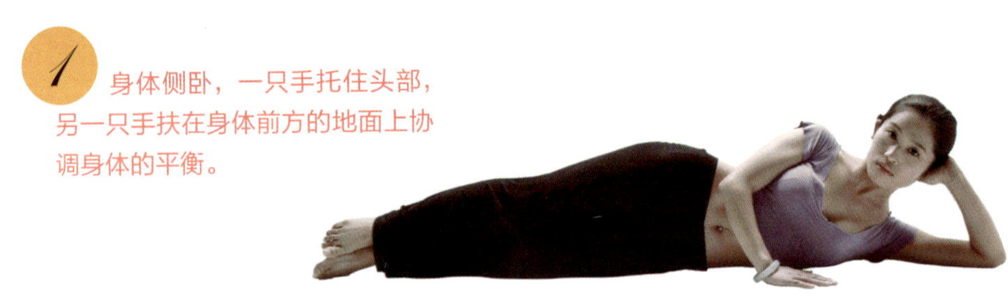

2 伸直提起位于上方的腿，令双腿形成一个打开后的剪刀形。

动作效果：收束腰部，臀部，髋部以及大腿外侧，同时挑战身体的平衡能力。

3 尽可能地将腿伸展提高，剪刀尽可能打开。

柔腰练习组三：普拉提塑腰法

1 垂直坐在垫子上，双脚脚趾向上。

2 双手手肘支撑在身体两侧，与手臂保持垂直，撑起背部。

小贴士：

以双手手肘作为支撑，腰腹用力。

动作效果：这套运动注重锻炼腰部曲线。

3 吸气，抬起左腿，与右腿呈直角，右脚脚心向上。

4 抬起右腿，双腿并拢，与地面保持垂直，双手手肘不动。

◎“洗衣”按摩法，腰部赘肉搓光光

所谓洗衣法，当然不是靠洗衣服来减肥，而是一种按摩手法，主要是针对腰腹部的赘肉，把多余脂肪揉掉、搓光光。动作并不难，可以自己在家做，天天坚持，效果不错。

第一步：清洁 · 去角质

如果我们的肌肤上堆积着厚厚的角质和油脂，再好的产品也吸收不了，所以清洁是做任何保养的第一步。

1. 用温和的沐浴产品洗净全身，再用温水冲净，水温不能太高，否则会造成肌肤干燥、紧绷。

2. 用温和的去角质产品清洁肌肤，如果是含有磨砂颗粒的产品，也不要选择粒子特别大的。

3. 冲净，按干。

小贴士：每次按摩、涂精油前都要沐浴，但不要每次都去角质，每两周1次即可，次数过多会伤害肌肤。

第二步：紧凝露 · 细按摩

涂上具有紧实肌肤，促进新陈代谢功能的纤体凝露。

小贴士：一定要细细按摩，让精华被充分吸收。

第三步：精油 · 洗衣法

选择调和配制好的具有排毒、润肤功效的精油类产品，不要用纯精油。

1. 倒3~4滴精油于手掌中央，轻轻搓开。

2. 两手掌从肚脐上方分别向外涂抹，经过腰部，再回到肚脐下方，保证精油覆盖到整个腹部及腰部两侧。

3. 五指并拢，左手贴于肚脐上方，右手贴于肚脐下方，双手同时往顺时针方向扭转。

第四步：把腰上肥肉当衣服搓掉

1. 五指稍稍并拢，像搓衣服一样，将腰部两侧的赘肉由上往下做推捏、搓揉的动作。

2. 四指并拢，拇指叉开，将肚子和腰侧的赘肉夹在虎口中，轻轻扭转。

第五步：塑造完美的腰线

1. 五指并拢，四指指尖紧簇，围绕肚脐轻轻按点。

2. 将两手分别置于腰部两侧，由上至下，由内而外轻拍，可以将脂肪“抖掉”。

3. 提腰，吸气，五指并拢，将腰部赘肉往肚脐方向按压，可以形成好看的腰线。

第六步：温柔地按摩你的腰

1. 叉开五指，四指置于腰部两侧，拇指置于腹部，将脂肪分别上推、下推。

2. 五指并拢置于肚脐位置，两手由内向外平抚腹部，可以起到安抚作用。

精油不必每天都涂抹，不涂精油做这些动作一样有效。完成“洗衣法”时，“下手”不必太重，轻柔按摩即可。

别以为没人看到就不管臀部的“橘皮”

◎ 美臀关键词：挺翘、圆润、结实

理想的臀围略大于身高的一半，较胸围大 4cm 左右。最理想的臀型是蛋圆形，25 岁以前的年轻女孩大多具有这种臀型。

恐怕没有任何女人会希望自己的臀部松松垮垮没有弹性。美臀的三大条件是挺翘、圆润和结实。臀部的弹性触感和柔嫩肌肤，结合了视觉和触觉的超强美感，其能燃起的性感之火，绝对超乎你的想象。谁能不受“臀”的致命追击呢?

亨利·米勒在《北回归线》中提到：“我看到她每晚坐在那儿，圆滚滚的小屁股陷在柔软的沙发里，简直要令我疯狂……”《七年之痒》中的梦露，那个让全世界影迷终生难忘的白天鹅造型的伟大之处，在于这一镜头将梦露性感丰满的美臀和身材展露无遗，写下了潮流史上永恒的性感美臀物语。

臀部是身材的隐形敌人。如果你的臀部圆嫩结实，自然会彰显出腰部的纤细和腿部的修长，形成窈窕的身体曲线。如果臀部松垮没有弹性，则腰部以下的美感尽失，比例失调的下半身，会给人一种失去平衡的视觉感。所以，姐妹们，千万别让臀部的骨牌效应打垮了你的曲线，臀部的塑造是需要高度重视的。

◎ 运动·按摩，卸载“橘皮”

臀部因为基本不曝光,似乎也不存在皱纹问题,所以总是被忽视。殊不知，臀部肌肉一旦松弛下坠即是最致命的皱纹，身材完美的“S”曲线将被破坏殆尽。

臀部肌肤松弛主要表现为出现橘皮组织。所谓橘皮组织就是指海绵组织，也就是脂肪细胞周围多余的水分与老化废物代谢不良的结果而产生表皮出现凹凸不平的波纹。人体最容易长出橘皮组织的地方就是臀部，海绵组织的累积特别快，很容易使臀部线条显得松弛下垂。

橘皮组织最容易形成的原因就是运动量不多以及肌肤的弹性变差。运动不足及年龄带来的松弛是橘皮组织产生的主要原因。人体的肌肤支撑及弹性的作用在真皮层，然后才是储存有脂肪的皮下组织。如果身体的这个部位失去弹性，那么松弛就显而易见了。

有意识地多运动，是对付臀部松弛与橘皮产生的最佳防守之道。最好是多做一些可以燃烧脂肪、促进血液循环的有氧运动：踏单车、缓步跑、跳绳、爬楼梯等。爬楼梯是个不错的好方法，利用上下楼的机会，抬高腿，脚踏实地地走每一个台阶，下楼时脚尖先着地。

按摩是祛除橘皮组织的一个好选择。沐浴后，用具有塑身效果的产品按摩臀部，可以提高肌肤的紧实度，滋润臀部肌肤的同时，还可以增强肌肤的弹性，延缓橘皮组织的产生。

◎ 居家美臀方案——睡前轻松美臀塑身

俯卧抬肩

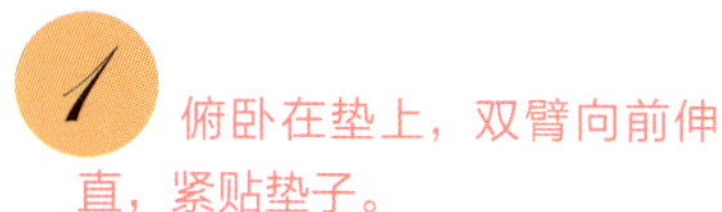

1 俯卧在垫上，双臂向前伸直，紧贴垫子。

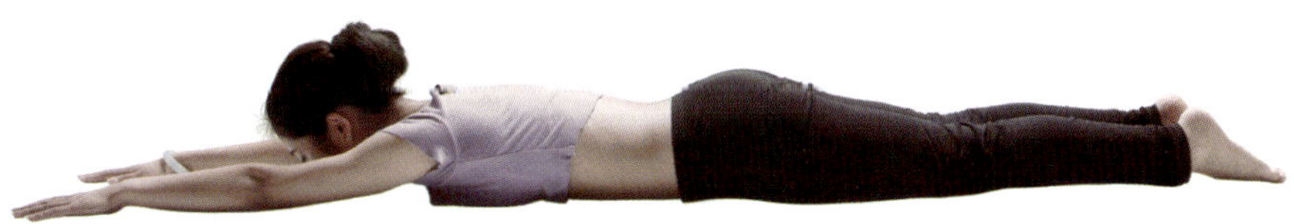

2 胸部以下紧贴垫子，手臂伸直，抬高头肩。

仰卧举臀

1 仰卧在垫子上，双手放在身体两侧。

2 弯曲双腿，使小腿与双脚掌保持垂直。

小贴士：

腰臀降低时，速度要慢，以免臀部突然着地而导致受伤。

3 吸气，腰腹用力并缓慢抬高，头部、肩部，双手、双脚紧贴地面，保持不动。

4 双脚保持不动，缓慢降低腰臀，直至接触地面，放松。

俯卧臂腿抬高

1 俯卧在垫子上，双臂向前伸直，紧贴垫子。

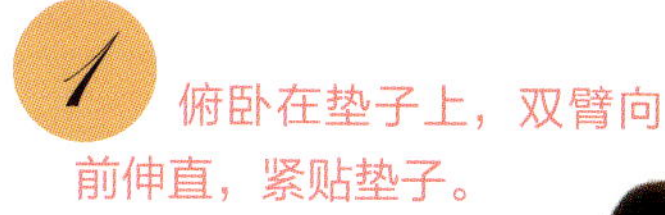

2 胸腹紧贴垫子，臀部用力，慢慢抬起上身至最高点，同时抬高并伸直左臂和右腿。

3 交换到右臂和左腿，抬起高度可以逐渐增加。

手膝举腿

1 身体成四角板凳式跪立。

2 左手和右脚保持姿势不变，慢慢抬起右手和左脚并伸直。

3 回到起始姿势。

4 右手和左脚保持姿势不变，慢慢抬起左手和右脚并伸直。

◎ 美臀小秘诀——按摩

按摩是祛除橘皮组织的一个好选择。沐浴后，用具有塑身效果的产品按摩臀部，可以提高肌肤的紧实度，滋润臀部肌肤的同时，还可以增强肌肤的弹性，延缓橘皮组织的产生。

具体按摩方法：

1. 将手掌贴在臀部，将臀部往上提做按摩动作。
2. 两只手放在臀部下方以臀部弧形的方式往两旁提。
3. 一双手抓住整个单边的臀部，往外抓。
4. 利用揉捏方式，加促臀部新陈代谢。

◎ 随时随地翘臀方案

良好的生活习惯可以防止臀部扁平下垂。对于上班族姐妹来说，一坐几个小时不起身稀松平常，活动量低，如果饮食也不均衡，很容易造成下半身肥胖。

坐姿塑臀

正确坐姿可以防止臀部扁平下垂，良好的坐姿是背脊挺直，侧面看上去背与大腿成 90°，坐满椅子 2/3 处，将力量分摊右臀部及大腿处。如果感觉很累，想靠背一下，请选择能完全支撑背部力量的椅背。

此外，坐时有一些小秘诀可以让臀部更美：尽量合并双腿，不要让帅气的开腿姿势长久下来影响骨盆形状，坐时踮起你的脚尖来，对臀部线条紧实不无益处。可以但尽量不要长时间双腿交叉坐，否则血液循环不畅通，危机就会浮出表面。

站姿塑臀

良好的站姿，对于塑造臀形也很重要：背脊挺直，缩腹提气，此时感觉一下肛门收缩的动作，偷偷做可收缩臀部。需要长时间站立的美女，请务必不定时动一下，做做抬腿后举的动作，1 小时内至少要偷闲做 5 分钟！

不以长短论美腿，而以“松紧”分高下

◎ 腿是女人性感的支点

短裙的推出，将女人一直藏着掖着的双腿，光明正大地曝光在众目睽睽之下。女人的腿是性感的支点和象征符号，腿部的曲线决定一个女人的优美程度。

也许上天没有给我们一双长腿，但美腿的标准可不是以长短论的！事实上，性感、优美的腿部线条只要求小腿肚与脚踝粗细之差约为15cm。就像现在流行塑身而不是减肥一样，美丽的腿形你也可以通过塑造而拥有！

美腿小妙招

斜体推墙有氧操——笔直双腿，拉长腿部线条

面对墙站立，身体前倾，双臂伸直撑住墙面，挺直腰背，双脚并拢，脚跟贴地。在保证脚跟贴地的前提下，尽量站得离墙壁远一些，这样才能充分拉伸手臂、肩、腰、腿部的各个关节。

◎ 美腿每日必修课

为了拥有一双笔直、修长的美腿，姐妹们可得勤加练习，做好每日的必修课。从现在开始，做美腿运动吧！

1 双腿并拢站立，弯曲身体，双手撑地下压，头部压向膝盖，双腿绷直，收紧臀部肌肉。

2 保持练习一的姿势，慢慢向后抬起并伸直右腿，左腿绷紧伸直，脚跟贴地，腰背用力向前压。

3 双腿并拢站立，呼气收腹，弯曲右腿，脚尖绷直向上收缩抬起，将膝盖抬到极限，左腿用力伸直，脚跟贴地。

◎ 腿部肌肤的基础保养

腿部肌肤不像面部肌肤那样敏感，经常长痘痘或斑点，不过别以为这样腿部肌肤就不需要保养了。大部分女性对于腿部肌肤的保养大多没有特别注意，导致夏天裸露出的部分总有点缺乏光泽与美感，想露得漂亮，有些保养工作可不能省！

清洗按摩

1. 将磨砂膏涂在腿上。

2. 用洗澡巾以小圆圈的方式按摩，特别是膝盖和脚踝，要多做几次。

3. 用清水冲洗干净，刺激细胞更新生长。

小贴士：沐浴时进行腿部大清理，最好一周 2 次。

改善肌肤

1. 泡在温水里，轻轻擦、揉、拍打腿部肌肉。

2. 将腿部擦洗干净，把精油均匀地涂在腿部肌肤上，用手掌轻揉。

小贴士：这样可以防止皱纹在不知觉中生长出来，改善粗糙肌肤，补充腿部肌肤营养。

基础保养

1. 刷掉干燥肌肤：用柔软的毛刷或天然丝瓜布，从脚底向上刷，经过小腿、大腿，最后到达臀部两侧。

小贴士：一周 1 次，轻轻扫刷自己的肌肤，刺激淋巴系统，刷掉肌肤表层的角质，不仅可以预防橘皮组织产生，对于淡化已有的橘皮纹，也有很大的帮助。

2. 去角质沐浴：倒适量沐浴乳在手掌心，加 1 汤匙浴盐加以混合，均匀摩擦在肌肤上，最后用温水洗净。

小贴士：浴盐随着柔滑的泡沫，可以刷去肌肤上的角质层。

3. 冷水按摩：用冷水冲 30 秒进行刺激性按摩。

小贴士：这样可以达到收紧肌肤的效果。

阴道松弛：每个女人都会遭遇的问题

◎ 私密花园的事情

有些事，并不是洗洗更健康那么简单，女人的事情总是有些难以启齿，但是，私密花园的事情，还是每天都在发生，影响着我们的健康和心情。

本来，阴道松弛的问题多见于产后女性，但现在很多年轻女孩也开始出现阴道松弛的问题，并且程度严重。一般，女性流产、分娩、过于频繁的性生活以及体内雌激素含量过低，都会导致阴道松弛和肌肉衰弱。

阴道松弛会给女性带来哪些影响?

1. 最直接的影响就是性生活的质量。阴道四周有许多肌肉和韧带，使其保持一定张力，阴道内壁黏膜上还有许多皱襞，性生活时能增加摩擦力，使双方产生快感。而阴道松弛症患者肌力减弱、韧带松弛、黏膜皱襞减少，阴道松弛是导致性快感下降甚至消失的一个主要原因。

2. 容易发生感染。阴道松弛以后，阴道壁不能紧贴，阴道经常处于一种开口状态，很容易引发细菌感染。

3. 尿失禁。尿失禁一般出现在四五十岁以后，更为严重的，还会引起大便不通畅或便秘。

◎ 阴道锻炼，使“她”更健康

肌肉是力量的象征，但是在女性身体的内部，锻炼不是指力量的增加，而是指改善我们的健康状况。健身锻炼能使你的小腹平坦，手臂结实、身材匀称，所以，如果我们说让阴道做锻炼能使“她”更健康也就不足为奇了。阴道紧缩术会留下疤痕，因此女性最好用锻炼的方法来紧致阴道。

紧致阴道的锻炼并不需要耗费很多时间和精力，只要每天拿出一刻钟，坚持下去，就能收到显著的效果。

缩紧阴道运动

首先，找到耻骨尾骨肌。耻骨尾骨肌在双腿之间，收缩直肠与阴道时就可以感受到这两块肌肉的存在。

找到这些肌肉后，你可以进行如下练习：

1. 紧缩肛门锻炼：找一个空气清新的地方，每日晨昏时，先深吸一口气，然后闭气，紧缩肛门 10~15 秒，然后深呼气，放松肛门，如此重复。

小贴士：经过一段时间的训练，可以大大改善盆腔肌肉的张力以及阴道周围肌肉的紧度和力度，阴道松弛的状况也就随之改善了。

2. 站式锻炼：分开双腿站立，收紧臀部两侧肌肉，膝部外转，然后做类似憋尿的动作，如此重复 6 次，每天 1 次。

小贴士：持续练习 6~8 周，阴道肌肉就会开始呈现紧绷的状态，阴道的敏感度也会有所增进。等到这个练习熟练之后，以后可以随时随地进行，坐、站、躺皆可。

◎ 新妈妈的紧致锻炼

经历分娩，新妈妈的生殖器发生了变化，包括阴道内部的肌肉。会阴处撕裂或是侧切，都会造成不同程度的损伤，骨盆韧带和阴道口变宽。自然分娩时，宝宝是从阴道娩出的，正常宝宝头部的直径约有 10cm，而妈妈的正常阴道直径为 2.5cm，因此经过宝宝的挤压，妈妈的阴道明显扩张，造成了产伤，肌肉和处女膜痕受到彻底破坏，弹性下降，就会造成阴道松弛，经过数次分娩的妈妈情况更严重。

但并非只有自然分娩会导致阴道松弛，在临产时盆腔的肌肉和韧带都会充分延伸，为宝宝的出生做好产道准备。因而即使进行剖宫产，也会有阴道松弛的现象。

阴道松弛的新妈妈在性生活时对刺激的反应迟钝或不反应，很难达到性高潮，日久会导致性冷淡，影响夫妻生活质量。对于产后新妈妈来说，阴道松弛这种现象很普遍，虽然早有心理准备，但还是很苦恼的。

阴道本身有一定的修复功能，产后出现的一般性引导扩张松弛会在 3 个月后自然恢复。但如果挤压撕裂严重，阴道中的肌肉已经受到严重损伤，阴道弹性的恢复就需较长时间了。

玲珑的脚踝是女人的超级性感符号

◎ 紧致脚踝的运动方法

张爱玲在她的名篇《十八春》中写道："在黑暗到来前的一刹那，慕瑾正注意到曼桢的脚踝，他正站在桌子旁边，实在没法子不看见。她的脚踝是那样纤细而又坚强的，正如她的为人。"

在我们拥有匀称的小腿时，如果再添上一双纤细的脚踝，身体就更细致完美了。脚踝如能长期锻炼并给予营养，会更加迷人。

紧致脚踝运动

1. 用手抓住脚尖，以顺时针方向慢慢画大圈转动脚关节，然后再逆时针转动，动作重复约10~15次。

2. 用脚踝来练习写字，由简单的字到复杂的字，或者是画圈圈也可以。

3. 两脚并拢坐在地上，双脚着地，脚尖尽量向脚底方向弯曲，停留5秒左右，再往脚背的方向弯曲，反复做15~20次。

4. 以指压脚踝四周，达到放松的目的。

这个运动可以活动到脚踝以及脚底的肌肉，同时能够有效去除浮肿。脚踝的确是比较难瘦下来的部位，要看到效果，就要每天花一点时间来运动，不能偷懒。

◎ 使脚踝更漂亮的小窍门

小小的脚踝，连接着奔走尘世的小腿和支撑身体的双脚，位置之重要，不可小觑。别小瞧一双脚踝，它的性感指数直逼锁骨：既细且瘦、骨节小小的，又十分突出，被一层细嫩的肌肤紧紧包裹着，看上去楚楚可怜。女子静静站立，脚踝结实玲珑，天衣无缝，外侧两个圆圆的涡轮，脚跟两根突出的筋骨，这天生的细节，小巧又硬朗，细瘦又坚强。

窍门一：按摩

用指压棒按摩脚掌，如果没有指压棒，用笔按压脚掌也可以；用家中的啤酒瓶等物品从脚踝部位向小腿肚按摩，特别是小腿后部的肌肉，这样可以活动到脚踝和脚底肌肉，使脚踝变美丽，而且能够有效地去除浮肿——洗完澡后，可以试试！

窍门二：用脚尖走路

上楼梯时用脚尖走路的习惯，能使脚踝变得纤细。

窍门三：足浴

将2~3滴精油和蜂蜜放入热水中，再放入绿茶袋。待绿茶充分泡开后把双脚浸在水中。用两只手把水淋到膝盖上。合适的水温是接近体温的温度，这样能够消除脚部浮肿。

窍门四：抬腿摇晃

把腿放在墙上，对消除脚踝部位的疲劳很有效果，如果两腿相互碰撞着摇晃，效果更佳。

窍门五：佩戴装饰品

稍粗的脚踝线条在脚链的装饰下会变得纤细柔美。

第三章

精致缘于内外兼修

——细节比美貌更惹眼

没有丑女人，只有懒女人

惊鸿一瞥的细节之美

◎ 别让细节泄露年龄的秘密

每个人都希望自己拥有完美无瑕的面容，使自己看起来更加年轻，于是花费很多的时间和精力来保养和护理肌肤。但不管怎么样都不可能做到万无一失，总有一些细节没有引起足够的重视，成为泄露年龄秘密的敌人。

这些细微变化，都会立刻泄露你想守住的年龄秘密：

1. 眼周区域开始出现的干纹、细纹，甚至开始出现略微的粗糙，这些说明肌肤开始不能保持正常的水分等新陈代谢。

2. 毛孔看上去比自己过去的开口大，说明肌肤开始出现轻微的松弛。

3. 肌肤的弹性和紧实度与过去相比略有松弛，说明肌肤的老化开始悄无声息地蔓延到肌肤的深层。

4. 肌肤色泽晦暗无光或者出现色泽不均匀等，则说明构成肌肤整体的细胞之间开始出现了信息传递的障碍和损伤。

5. 头发变得干枯分叉色泽杂乱时，你生活的忙碌和身体的营养失衡便会清晰地展现在别人的眼中，而秀发中参差的几根白发，则会非常快速地显露出你的沧桑。

6. 手部肌肤状态与面部颈部的肌肤外观不相符。

7. 身体肘关节和膝关节外侧肌肤暗沉干皱，与面部肌肤外观不相符。

8. 形体的成熟与并无太多皱纹的肌肤也会产生强大的反差，这些都会令你的年龄不再是一个秘密。

◎ 细节决定成败

在一场选秀节目上，一名20岁的女孩在演一个四十几岁的女人时说：“四十几岁的女人不会像小姑娘那样挺拔，她的重心是下移的，人是松垮的，比如我观察我妈妈时就会发现，我们若要在公共场合挠痒痒会偷偷地动作很小地挠，而我妈妈就会动作很大很粗鲁地直接挠……”

这话听起来很让人难过，因为她都说对了。出卖女人年龄的不只是脸上的皱纹，脖子上的颈纹，还有我们的形体和我们的形象。

到了三十几岁，我们的性格开始沉稳，但脚步也开始沉重。不管你穿的是运动鞋还是高跟鞋，脚上都像是拴上了脚镣，在地上蹭着走、拖着走。没有来自家庭和事业的物理重量，是什么压弯了我们的颈部？习惯了用同一侧的手拎手袋，肩膀也变得不再是一条水平线。胸，还有胸！大家忙着挑好的文胸托举乳房、涂美乳霜保持弹性，却忘记了乳房的底座——胸腔，于是，脱了衣服乳房虽然还能坚挺如小丘，但是胸腔已经佝偻。

如果有钱有时间最好去健身房学瑜伽或者普拉提，不是为了让你瘦，而是为了将僵硬的韧带拉拉松，脊椎拉拉直。

没钱没时间，那么好歹拿出点态度，随时提醒自己：昂首挺胸抬头收下巴吸小腹夹紧臀部。

说完形体说形象。形象包括穿衣打扮言行举止。

你有过这种经历吗？走在街上被算命看相的人拉住，他们对你的情况居然说得像模像样，心里大惊：“他好准，将我的过去说得历历在目。”

他的准确，准的不是算命，而是看相——看形象。你的一切都能在形象上被一一识穿，一个稍有阅历稍有常识擅长观察的人，都可以通过形象看出这个人的过去以及短期的未来。

生活在现代，女人真的很幸福。时尚杂志、电视都能教授大家如何塑造自我形象，如果自学的能力不够，还有形象工作室帮大家了解如何重塑自我。

有钱有时间，可以慢慢摸索，或者请形象顾问。

没钱没时间，也有捷径可走。对所处环境所谈话题心里发虚没数时，不必怯懦躲闪，只需要保持得体的微笑和沉默，宁可沉默着让人怀疑你物质，也

不要开口让他人确认你真的无知。

向魅力女人们学习说话穿衣的社会技巧。最差劲的女人不是最丑最胖最小肚鸡肠的那个，而是对自己和整个世界失去好奇心、停止探索和学习，枯燥乏味的那个。

总之，细节决定成败，对美丽健康全方位的精心爱护和保养，会使女人时刻保持年轻。我们更愿意让细节透露给这个世界的是女人心中对生活永恒的爱。

美女从前一天晚上开始

◎ 夜间护肤事半功倍

亚洲女性的新陈代谢指数，从 23.6 岁时开始降低，最明显的表现就是：熬夜后或者没睡好的时候，一脸的菜色好几天也养不回来。的确，睡眠掌握了肌肤新陈代谢的黄金时段，一旦没睡好，衰老会加快。如果能掌握睡眠的精华时间，多加保养，每天 8 小时，我们就能把平均老化年龄 23.6 岁向后推移，一直保持年轻状态。

晚上 11 点至凌晨 5 点，当大脑、肌肉和感官系统处于休息状态时，另一个领域的世界苏醒了——那就是细胞的世界。夜间，在肌肤表面下，细胞正在进行着恢复、再生与重建的工作，此时细胞的更新速度比白天快 8 倍左右，对护肤品的吸收好，效果当然也就好。因此，在晚上采用正确的护肤步骤与产品给予肌肤加倍保养与护理，称之为夜间护肤。

如果说白天的肌肤护理是保护肌肤不受紫外线等外界环境的伤害，那么夜间可将护肤重点放在寻找肌肤白天丢失的活力。由于晚上我们身体的血液循环顺畅，细胞分裂活动旺盛，因此可以先做一些清洁和排毒的保养，去除白天进入肌肤内部的杂质和毒素，然后给予肌肤一些诸如保湿、补充营养等特殊护理，就能在第二天迎来阳光的时候，拥有富有弹性的光滑肌肤。

◎ 21 天，8 种功课

只要坚持 21 天就能养成一个习惯，所以如果我们每天睡前都能够进行肌肤保养的功课，21 天后，美肤的好习惯自然就养成了，并且可以受益终生！

晚睡，不晚洗

把洁面时间提前可以减少肌肤负担，预防粉刺、痘痘的滋扰。

如果白天化了妆，洗脸时一定要先使用卸妆油，卸掉脸上的彩妆，再使用洗面奶彻底清洁肌肤。

如果熬了夜，可以使用含有果酸或水杨酸的洗面奶，这种产品深层清洁效果显著，能够有效减少肌肤表面的废物和毒素，让你即使晚睡，也能远离疲倦脸色。

做好高度保湿护理

熬夜、过度疲劳会让肌肤的锁水功能变差，洁面后一定要尽快使用保湿效果好、易吸收的护肤品。

易干燥、易暗沉的眼部肌肤周围及唇部四周需进行细致涂抹。

易干燥的脸颊要充分涂抹。

替代性面膜迅速改善干燥

不用每天敷面膜迅速改善干燥：洁面，将纸面膜用保湿美容液浸透，敷在面部，10 分钟后，喷一层化妆水，5 分钟后揭下，肌肤就能变得水润柔嫩，而且即使每天做也不必担心保养过度。

如果没有纸面膜，可以把一张面巾纸敷在脸上，向纸上喷上保湿化妆水，直至面巾纸湿透，1~3 分钟后揭下。

对付晚睡的排毒晚霜

即使不能在肌肤的最佳排毒时间 23 点前入睡，你也可以充分排毒：23 点前涂抹具有排毒修护功能的精华晚霜，进行简单按摩，可以促进血液循环，提高细胞代谢活力并且排除肌肤毒素垃圾，将熬夜的伤害大大降低。

偶尔需要加强保养，可以涂厚一点当作睡眠面膜，一物多用。

零点前使用精华液

午夜前涂抹精华液能让精华液中的营养成分发挥到极致：含有纳米渗透技术或多种植物精华的夜间修护精华液更容易渗入到肌肤深层，加强细胞活力，并促进代谢循环，就像在肌肤里植入了看不见的细胞发动机一样，不用费时费力地按摩，营养成分也能被一个不落地全部吸收。

涂晚霜的手法诀窍

先将额头、两颊、鼻头和下巴分别均匀地擦上乳霜。

用双手包裹住整个面部，保持 5 秒。

将残留在手掌上的乳霜，涂抹到脖子上。

用左手拍打颈部右侧 10 下，用右手拍打颈部左侧 10 下，能起到紧实颈部肌肤，预防皱纹松弛的作用。

超有效的 3 分钟焕肤

睡前花上 3 分钟，进行简单的面部按摩，能增强面部经络活性、改善细纹松弛，预防痤疮。

双手互搓，搓热后迅速将手掌盖在整张脸上。

热度减退后，双手捂住脸由上向下按摩 10 次。

重复以上动作 3~5 次。

用十指指腹，按照“从中心到外围”、“由下向上”的顺序在脸上“弹钢琴”，轻拍脸部肌肤，以眼周、鼻翼两侧、嘴角及下巴为重点。

睡前补充维生素 C 最有效

肌肤如果得不到充足睡眠，营养就会快速流失，睡前服用维生素 C 及口服胶原蛋白产品，不仅比白天吸收的效果更好，还有利于肌肤在睡眠时得到充分修复，恢复弹性和光泽。

做完这一步，完整的夜间护肤步骤就完成了，好好睡一觉，让肌肤也美美地饱食一整夜吧！

气质是形象的一部分

◎ 气质是女人魅力的源泉

气质是一种玄而又玄的东西，她结合起你所有的元素，给别人一种感觉。在生活中，我们觉得有的人甜美，有的人恬静，有的人冷艳，有的人活泼，其实归根到底都是由气质决定的。气质不同，给人的印象也不同，所以说，气质是个人形象的一部分。

气质美看似无形，实则有形。你的一举手，一投足，一句话，一种思想，都是你气质的代表，时刻给别人传递着你的信息。女人可以凭借自己的美貌在人群中赢得极高的回头率，但真正能让人们印象深刻、为之倾倒的，却是那回味无穷的独特气质！

天赋的容颜是一道最容易消逝的风景，无情的岁月在夺走女人那面如桃花的容貌时，也会在那张曾经漂亮的脸上烙印下岁月的痕迹，而真正能留下来的是生命中最本质的内容——气质！

女人的魅力来自于气质，就如同山上有了水就会立刻显现出灵气一样，一个女人只要插上了气质的翅膀，就会立刻神采飞扬、生动可人起来。

气质是从骨子里透出来的，她不是卖弄和表演，也不是矫揉造作，而是一种自然地流露。她把女人生命中的美好释放出来，而又不流于低俗。气质女人的内心自有独特的风景，变化万千中流露出动人的妩媚。

气质是女人征服世界的不二武器。有气质的女人，她只要静静地坐在那里，她的笑容、她的眼神，她的动作，无形中自成魅力，独具诱惑。气质这个字眼，对女人的完美境界做出了独辟蹊径的解读。

◎ 气质是可以修炼的

有这样一句话：法国女人想要什么，连上帝都会说“YES”！为什么？因为她们得天独厚的气质美令上帝都折服。

女人的气质需要内外兼修、形神兼具。外谓之形，内谓之神，若神气足，外形自具。外在的修饰臻于完美，内在的气质也会趋于完善。

品位主导着一个人的气质。我们经常会看到这样的女人：她们穿金戴银，一身名牌，却让人感觉不到美，这是因为，少了内在气质的支撑，她们的形象就缺少了灵魂，自然是让人感觉不到美的。

靳羽西曾经说过："气质与修养不是名人的专利，它是属于每一个人的。气质与修养也不是和金钱、权势联系在一起的，无论你何种职业、任何年龄，哪怕你在社会中最普通的一员，你也可以有你独特的气质与修养。"所以，气质对于每一个女人来讲都是公平的，每一个女人都能够得到气质精灵的宠爱，每一个女人都有机会展现自己独特的气质魅力。

一个女人不管是不是天生丽质，都可以拥有良好的气质，成为名副其实的气质美女！气质是可以修炼出来的，用培养气质来使自己变美的女子，比用华服、美饰来装扮自己的女子，其美自高一层。

气质的改变不是一朝一夕的事情，需要你做很多努力，但是首先要心存自信，在自信的基础上才有一切。你要相信自己是独特的，最好的，你有一颗追求美好的心，才会不断去完善自己的外表，丰盈自己的内心，注重自己的行为举止，才能一天天进步，一点点变优雅。

不能忽略的身体细节

打败明星的眼部细节

◎ 美目盼兮的魅力

“巧笑倩兮，美目盼兮”，顾盼之间，古代美人的风情就跃然纸上。对于女人来说，拥有一双美丽的眼睛是多么重要。

一双美目的第一要素是眼睛的形态。

眼睛的形态有圆的、阔的、长的、杏形的。古人以细长为美，现代则以大而圆为上乘。老舍在《四世同堂》中有这样的描写：“她的眼最好看，很深的双眼皮，一对很亮很黑的眼珠，眼珠转到眶中的任何部分都显得灵动俏媚。假若没有这一对眼睛，她虽长得很匀称秀气，可就显不出她有什么特别引人注意的地方了……她的眼中光会照到人们的心里，使人立刻发狂。”

当然，单眼皮的眼睛也自有其动人之处。在另一篇叫做《眸子》的小说里有这样的描写：“单眼皮，睫毛并不长，但又密又黑，使眼睛围着云雾一般，朦朦胧胧的，显得深不可测，神秘、诱人。但她的眼睛真正的美是美在笑，不论是浅笑，还是大笑，只要一笑，那双眼睛里就会有鲜花开放。那花儿鲜艳、娇媚、逗人喜爱，使她的脸面颊时甜蜜，俊俏，神采飞扬。即使她气恼、冷笑，那眼里依然隐约有花儿颤动……女人要有这样一双迷人的眼睛，就能教再冰冷再强硬的男子汉低头。”可见，一双美目的魅力是多么不同凡响。

一双美目的第二要素是色彩与光泽。女子秋波的魅力不仅仅在于眼睛的形状，任何美丽的眼睛，如果没有水汪汪的光泽，其魅力将大大减退。“巧目流盼”是女性妩媚之美的最高境界。

都说眼睛是心灵的窗户，最会说话的不是嘴，而是眼睛。对于女人来说，眼睛不仅决定了她的容貌是否美丽，更反映了她的灵性，她的气质，她丰盈的内心世界……

◎ 消灭红血丝，保持明眸光彩

很多姐妹由于工作性质常常需要在电脑前一盯就是一天，偶尔再有个加班熬夜，戴隐形眼镜等原因，黑眼圈、红血丝就都长出来了，而这些血丝若不及时控制，时间一久，便成了难以磨灭的痕迹。化妆可以遮掩憔悴的黑眼圈，但是眼白上的血丝却泄露了憔悴，成为完美妆容的瑕疵。

小药方

枸杞 1 钱，菊花 5 钱，白芍 4 钱，甘草 2 钱，一起煲 20 分钟，当水饮用。持续喝，会有不错的效果。

眼药水

对于隐形眼镜引起的红血丝，可以用眼药水应急。滴用可以收缩血管的眼药水，如新乐敦、红色的润洁等。一般防止眼疲劳的眼药水，都可以收缩血管。最好摘掉眼镜时滴，否则眼药水会使隐形眼镜的化学性质发生改变。

充足睡眠

为了防止眼中的红血丝变成永久性的，平时生活中应该加强注意：每天要保证至少 7 小时的睡眠时间。

冷毛巾敷眼

每次上网时间不要太久，每 2 小时左右让眼睛休息一会儿，感到眼部劳累时可用冷毛巾敷眼，以收缩眼部血管。

刮眉法

用刮眉法可以解决 N 种眼周问题，黑眼圈、眼袋及眼肿迎刃而解：在睡前涂面霜或眼霜时，用食指和中指指腹从眉心向眉尾、太阳穴慢慢刮眉 20 次，能很快消除眼部疲劳、消除黑眼圈，并且还能够预防次日清晨出现眼部浮肿。

护甲缘，手如柔荑

手是女人的第二张脸，她的出镜率很高。但是“甲缘”，其受重视的程度依然处于边缘。

对于手的护理，除了要保养好手部肌肤，最大的问题恐怕就是甲缘了。要么很干，经常用手撕，要么就是没有经过护理，直接剪掉，但却越长越厚、越长越硬，而且还秃秃的，粗糙难看。

甲缘修护方案

1. 软化甲缘角质。用柠檬汁温水浸泡双手 5~10 分钟。

2. 清理甲缘。指甲的倒刺不仅难看而且很痛，选一款特效修护型的手部舒缓霜按摩手指是最好的选择。

3. 涂护甲精油并按摩。护甲精油一般是清爽水样质地的，能够渗透入角质较深处，涂在指甲上一下子就被吸收了。护甲精油最大的功用是可以改善指甲发黄的状况，涂上一点点就好，然后轻轻搓开来，按摩甲缘，直至吸收。

4. 上甲膜。喜爱涂指甲油的姐妹每次换颜色之前上一次甲膜，可以给指甲补充营养。

5. 涂指甲强化剂。指甲强化剂可以拯救软而易断的指甲，涂上去亮亮的，也可以作为底油擦涂。不喜欢染指甲的姐妹，涂上一层指甲强化剂就像涂了透明指甲油一样，令指甲看上去健康，有光彩，同时也可以让指甲自由呼吸。

另外，平时多吃一些含有维生素 B_2 的食物，能够促进指甲生长，预防倒刺。富含维生素 B_2 的食物主要有肝、肾、心、蛋黄乳制品和绿叶蔬菜、豆类等，在平时的饮食中，你可以适当多吃些。

光泽闪动，完美关节

◎ 去角质保养光鲜肘关节

当我们可以尽情地秀出姣好的身段时，却发现关节部位的肌肤因平日缺乏照顾，而呈现粗糙、干裂、脱屑、暗沉时，该怎么办呢?

关节部位的肌肤只有少数皮脂腺，常年缺水，是人体中的沙漠。若平时不善加保养，很容易变得皱巴巴的，毫无光彩。

所以，你的身体保养得有多彻底，看看你的关节就知道了！不要只顾着保养脸蛋，而忽视关节肌肤的护理。

去角质

关节部位经常活动及摩擦，容易堆积粗厚的角质，尤其是关节处的角质，会呈颗粒状，看起来像大象皮，所以，十分有必要进行去角质护理。

1. 使用颗粒较粗的磨砂膏或粗盐。

2. 将手臂往内侧弓曲。

3. 另一只手沾取适量磨砂膏或粗盐，以画圆圈的方式摩擦手肘，按摩 1 分钟，最后用清水洗净。

小贴士：去角质护理每周 1~2 次即可。

滋润

去角质后的滋润工作是必不可少的。

1. 用毛巾将手臂擦至九成干。

2. 涂上滋润乳液。

3. 轻轻按摩，至乳液完全被肌肤吸收。

小贴士：适度的按摩除了可以使神经系统得到放松外，还可以强化肌肤本身的弹性。

◎ 膝部护理完美方案

自制按摩霜去除膝盖死皮

对于膝关节，在清洁时将腿弯曲，使关节部分的肌肤全部伸展，这样更容易清洁到细节的位置，角质层较厚的可稍微用力。

1. 将鸡蛋敲破，往蛋清里撒盐，制成按摩霜。

2. 用热毛巾将膝盖仔细包裹好，直到肌肤发红、潮湿，再解开。

3. 用自制按摩霜轻轻按摩膝盖，去除膝盖死皮，增强血液循环。

4. 5分钟后，用温水将膝盖清洗干净，涂上润肤水。

5. 不等润肤水干透，即涂上润肤霜。

要拥有光滑的膝盖，还要注意尽量避免膝盖作支撑，膝盖的皱纹需要长时间地仔细护理才能得到缓解，一定要坚持不懈。

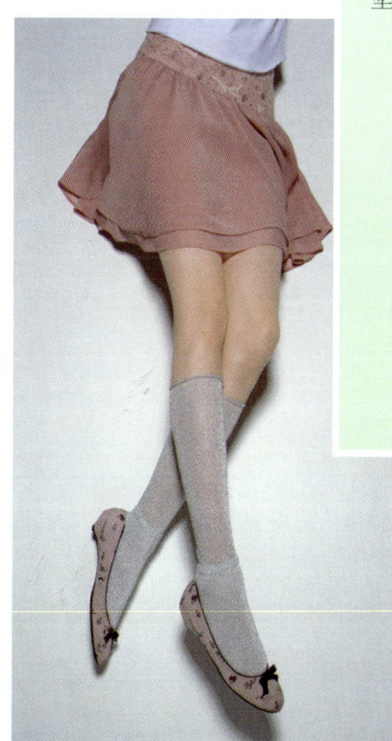

膝部护理小偏方

1. 将2大匙蜂蜜、1匙柠檬汁，1匙宝宝霜搅拌成糊状。

2. 用热毛巾敷需要护理的部位。

3. 将准备好的糊状剂抹在上面，用双手包住按摩。

4. 3分钟后，用热毛巾擦拭干净，喷水。

5. 抹营养油。

做完之后，你立刻就会感觉膝盖柔滑不少。

别让完美毁于发丝

有一次在电视上看到一个一直很喜欢的女作家在接受访谈，她举止优雅，衣着得体，本来是无可挑剔的，但是惟有一处，成了她完美形象的败笔，那就是在摄像机镜头下，她的头发干枯分叉，缺乏光泽，导致整个人看起来很没有精神。

剪并非治本之法，造成头发干枯分叉的原因很多：营养不良、化学物质的伤害、日晒、吸烟、睡眠不足等。只要一头秀发不是由于外力扯断而造成的分叉，就一定需要细心保养、认真护理。

1. 做发膜

发膜可以锁住蛋白质和水分，增加头发吸收养分的机会，使之恢复生气，两天1次。

可在洗澡时使用：剪去头发的开叉部分，将发膜敷在头发上，包好，几分钟后用热水洗净，这样热水的热气便有蒸气作用，帮助头发吸收养分。

2. 涂发尾油发亮油

可在应急时使用，不如做发膜能深层营养头发。

3. 护发素

平时洗头要使用护发素，以求不间断地给头发提供营养。

4. 防晒

头发也要防晒：进行户外活动时，准备一顶大帽子。活动结束后，好好清洗头发，尤其是经过阳光曝晒或海水浸泡，更应彻底滋润受损的头发。夏季要避免强烈曝晒。

5. 尽量减少烫发、染发、漂发等化学处理

不要频繁地染烫，染发、烫发后，要加强给头发补充营养。

6. 少用吹风机

尽量少用吹风机，尤其是头发潮湿的时候，如果实在需要，记得先将头发擦干，并在上面涂一层护发素。

7. 食补

多吃坚果，如核桃、花生、杏仁、芝麻等，多补充维生素，多吃蔬菜水果，同时，要记得保证充足睡眠！

朱唇一点桃花殷

唇的性感指数是极高的。朱唇轻启，呵气如兰，女子的唇尽现千般妩媚。

但是，随着年龄的增长，唇部肌肤松弛、唇纹增多，甚至蔓延到唇线以外。由于嘴唇是唯一不分泌油脂的肌肤，而唇部的水分蒸发是脸部的六倍，保持嘴唇的娇嫩和湿润就显得尤为重要。

频繁地舔嘴唇，绝对是一种恶习，最好的唇部保养就是在睡前。

◎ 唇部保养

夜间唇部保养

1. 剪下适当大小的保鲜膜敷在唇上，如此一来就能将滋润和水嫩锁进你的双唇中。
2. 覆盖上热毛巾，停留 10~20 分钟。
3. 涂上护唇膏。

早上起来双唇就能如花般柔嫩紧致。

洗澡前的唇部保养

1. 洗澡前，涂抹一层厚厚的护唇蜜于唇部。
2. 洗澡完毕后，使用化妆棉抹去唇部脱皮。

利用洗澡时的温度提升，有效促进唇部血液循环，进而充分吸收护唇蜜的有效成分。

通过精心细致地呵护，你一定会得到最完美的娇嫩双唇，使自己成为一个充满魅力的“唇”情女人。

美女，就是要武装到牙齿

◎ 齿健人年轻

不要让牙齿成为你的美丽漏洞。美女，就是要武装到牙齿。一口好牙是女人驻颜之本，为了美貌，一定要重视自己的牙齿健康。

牙齿饱满度决定法令纹

法令纹容易出现在鼻唇附近，很让人烦恼，而口腔饱满是解决法令纹的法宝。如果牙弓发育不正常，牙齿参差不齐，排列混乱，唇部周围的肌肉就会不协调；如果牙

齿缺失太多，颊部失去支撑，法令纹和唇部皱褶会明显加深。

牙齿咀嚼力决定紧致肌

牙好，咀嚼状态就好。如果牙齿有疾患，咀嚼功能就会受到影响。咀嚼不充分，囫囵吞枣，面部肌肉群会随之松弛，也不能单侧咀嚼，否则你就会一侧脸大一侧脸小。所以，保持牙齿的健康而获得充分的咀嚼力，面颊肌肉也会变得圆润紧致。

牙齿敏感有明眸

喜欢吃硬食的人，你拥有“明眸皓齿”的机会比较大，这两者之间，其实是存在着健康关系的。牙齿健康时，能吃较硬的食物，神经趋于敏锐，眼部供血丰富，视力状况保持良好。如果你因为牙齿不好而只吃软的食物，你就会失去很好的锻炼神经的机会。

牙周炎症状决定好肤色

患有严重牙周炎的人，等于在口腔内有一个20cm长的慢性伤口，如果你不予以治疗，那么这个伤口会逐渐腐烂，牙周细菌所产生的酶会逐渐进入血液，由此，面色就会变得暗沉。

牙咬合关系决定皱纹多

牙齿的咬合关系直接影响人体的吸收能力。牙齿不能充分咀嚼食物会影响胃部消化吸收的功能，从而诱发胃部疾病。当五谷杂粮的精气不能被牙齿研磨细碎而被人体吸收时，会直接给肌肤减分：肌肤会失去润泽，不再丰盈，皱纹增多，干涩无华。

牙齿不坚固决定常脱发

如果你发现自己牙根外露，伴有牙齿脱落等问题，你可要小心脱发的来临。肾主骨，牙齿不够坚固，通常肾也不好，肾气不足带来的问题很多，其中之一就是脱发，所以想要不掉发，从拥有坚固的牙齿开始吧！虾仁、韭菜、乌鸡、鳖甲、龟板、枸杞等食物是补肾的良方，同时更具有固齿的功效。

◎ 八个小贴士，既护齿又驻颜

1. 吸管

如果你大口豪饮，牙齿就被碳酸饮料完全浸泡，尤其是那些有微小龋洞的部位，更容易被酸性极强的饮料侵蚀，用吸管来吮吸饮料，可以有效保护牙齿不受侵蚀。

2. 纯净水

漱口和刷牙最好用纯净水，纯净水是一种软水，它不生水垢，更能软化牙垢，让牙垢轻松融化或被冲刷掉。

3. 维 C 果蔬

护齿的一个很重要的营养素就是维生素 C，它是预防牙周病的重要物质，有营养牙龈、坚固牙齿的作用，要记得每天吃富含维生素 C 的果蔬。

4. 茶

饮茶和以茶水漱口可以有效防龋，饭后用茶来漱口，既去腻味又不伤脾胃，用茶碱将吃饭时分泌的大量酸性唾液中和掉，这种护齿方法极为有效。

5. 奶酪

奶酪含钙多，能让牙齿更坚固，奶酪在所有奶制品中含钙量最高，含乳糖量最低，被称为乳品中的黄金。

6. 粗粮

多吃玉米、高粱、小米、荞麦、燕麦、莜麦、薯类以及各种豆类等“粗粮”，其中丰富的纤维素可帮助按摩牙龈，起到自洁牙齿的作用。

7. 多种维生素

全面营养的供给是拥有一口健康美观牙齿的必备条件，准备一瓶多种维生素补充剂，简单有效。

8. 美白牙膏

少吃咖啡、红酒、巧克力、酱油等容易造成牙齿染色的食物，如果你实在抵抗不了美食的诱惑，也千万要记着在食用过后漱口或用美白牙膏刷牙，以减小色素的浸染程度。

第四章
“膜”小姐
的不老传奇
——DIY 护肤“膜”法

清洁去角质，美肤第一步

小米清汤面膜：深度清洁肌肤

适用肌肤：

油性肌肤、混合性肌肤。

美肤功效：

经常使用能够起到深层清洁、美白肌肤的效果，而且一年四季都适用。

制作方法：

先将米放到锅里煮，就像我们平时熬粥那样；然后将米粥上面的一层米汤捞出，倒进面膜碗，将面膜纸放入米汤中泡开。

使用方法：

洁面后，用面膜纸敷面，15 分钟后，用清水洗净即可。

使用频率：这款面膜的清洁效果很好，每周 2~3 次。

保存方法：现做现用，不宜保存。

美容原理：

米汤中含有丰富的维生素 B_1、维生素 B_2、烟酸、磷、铁等矿物质，以及碳水化合物及脂肪等天然营养素，不仅对肌肤有清洁作用，还能够很好地为肌肤补充营养。

番茄酸奶面膜：天然卸妆面膜

适用肌肤：

油性、混合性肌肤，不可用于敏感性肌肤。

美肤功效：

可以有效去除彩妆残留，适合夏季使用。

制作方法：

将半个番茄捣成泥状，半个柠檬挤出汁液；取适量酸奶，将番茄泥、酸奶、柠檬汁倒入面膜碗搅拌均匀即成。

使用方法：

洁面后，将面膜用面膜刷均匀地涂抹在面部，20 分钟后，用清水洗净即可。

使用频率：一周 1 次。

保存方法：现做现用，不宜保存。

美容原理：

番茄有很好的收敛作用，可以清洁毛孔；柠檬汁能彻底清洁化妆后的肌肤，减轻肌肤负担。

柠檬燕麦面膜：祛除角质及黑头

适用肌肤：

中性、干性肌肤，不可用于敏感性肌肤。

美肤功效：

去角质，去黑头，深层清洁肌肤，适合春、秋、冬三季使用。

制作方法：

将半个柠檬挤出汁液，鸡蛋用分离器取蛋黄，加入燕麦粉、橄榄油搅拌均匀。

使用方法：

洁面后，将面膜用面膜刷均匀地涂抹在面部，20 分钟后，用清水洗净即可。

使用频率：一周 1 次。

保存方法：现做现用，不宜保存。

美容原理：

柠檬汁能彻底清洁肌肤；燕麦是很好的洁肤高手，因为其具有粒状组织结构，水溶性和非水溶性纤维，这些都能够很好地清洁肌肤，而且还含有大量的蛋白质、B 族维生素、叶酸、钙、铁等，具有一定的润肤功效。

胡萝卜面膜：祛除角质，滋润肌肤

适用肌肤：

任何肌肤。

美肤功效：

深层清洁肌肤，去角质。

制作方法：

将胡萝卜放入搅拌机打成泥，倒入干净的面膜碗，再放入两勺玉米粉搅拌均匀。

使用方法：

洁面后，将面膜用面膜刷均匀地涂抹在面部，15 分钟后，用清水洗净即可。

使用频率：一周 1 次。

保存方法：现做现用，不宜保存。

美容原理：

胡萝卜和玉米粉都含有丰富的胡萝卜素，能有效滋润肌肤，具有去角质和清洁肌肤的功效。

木瓜燕麦面膜：祛除死皮，改善粗糙

适用肌肤：

任何肌肤。

美肤功效：

去除肌肤表层死皮，改善粗糙状况。

制作方法：

将燕麦片放入水中浸泡一会儿；将木瓜榨汁，倒入牛奶搅拌，再加入沥水后的燕麦片，搅拌成糊状。

使用方法：

洁面后，将面膜用面膜刷均匀地涂抹在面部，15 分钟后，用清水洗净即可。

使用频率：一周 1 次。

保存方法：现做现用，不宜保存。

美容原理：

燕麦具有清除肌肤污垢的作用；木瓜中的木瓜酵素，可以溶解肌肤的老化角质，加快肌肤新陈代谢速度，将油脂、角质、死皮通通扫除。

补水保湿，肌肤更水嫩

苹果蛋清面膜：明亮肌肤，改善干燥

适用肌肤：

任何肌肤。

美肤功效：

可使较黑的肌肤变白，收缩毛孔，补水效果极好，并可修复晒后肌肤，春、秋、冬三季都适用。

制作方法：

将苹果去皮捣成泥，加入蛋清、面粉，搅拌均匀。

使用方法：

敷这款面膜之前，最好先去一下角质，用热毛巾敷脸，使毛孔打开，然后将面膜用面膜刷均匀地涂抹在面部，20 分钟后肌肤无紧绷感时，用清水洗净即可。

使用频率：一周 1 次。

保存方法：现做现用，不宜保存。

美容原理：

蛋清可收缩毛孔。

黄瓜补水面膜：夜间补水，细腻水嫩

适用肌肤：

任何肌肤。

美肤功效：

补水抗衰，令肤色红润，富有弹性，四季适用。

制作方法：

将黄瓜用果汁机打碎，鸡蛋清与黄瓜汁调匀，再倒入面粉调成糊状。

使用方法：

洁面后，将面膜用面膜刷均匀地涂抹在面部，5~10 分钟后，用清水洗净即可。

使用频率：一周 2 次。

保存方法：现做现用，不宜保存。

美容原理：

黄瓜具有润肤、增白、除皱的作用，经常贴在肌肤上可有效抗老化，减少皱纹的产生，并可防止唇炎、口角炎。

西瓜蜂蜜面膜：令肌肤保持水润

适用肌肤：

任何肌肤。

美肤功效：

可使较黑的肌肤变白，收缩毛孔，补水效果极好，并可修复晒后肌肤，适合夏季使用。

制作方法：

用西瓜皮汁混合蜂蜜搅拌，做成面膜。

使用方法：

洁面后，将面膜用面膜刷均匀地涂抹在面部，15~20 分钟后，用清水洗净即可。

保存方法：现做现用，不宜保存。

美容原理：

日晒后常常会感到肌肤跳动，西瓜皮可以对面部补水降温，镇定肌肤。西瓜含有的维生素 A、B 族维生素、维生素 C 都是保持肌肤健康的必需营养成分，并且蜂蜜有很好的润泽和柔肤效果。

此款面膜抗氧排毒，具有滋养保湿作用，做完这款面膜后肌肤会细腻白皙，充满光泽。

香蕉蜂蜜面膜：美白保湿，深层滋润

适用肌肤：

任何肌肤。

美肤功效：

保湿滋润，非常适合秋、冬干燥缺水的肌肤日常使用。

制作方法：

将香蕉去皮捣成泥状，加入蜂蜜搅拌均匀即可。

使用方法：

洁面后，将面膜用面膜刷均匀地涂抹在面部，10~15分钟后，用清水洗净即可。

使用频率：一周 2 次。

保存方法：将剩余面膜密封存放于冰箱中冷藏 1~5 天。

美容原理：

香蕉是一种很好的面膜材料，直接将香蕉捣成泥状敷在脸上就具有温和清洁与滋养修护肌肤的功效；蜂蜜能加强保湿滋润的功能。

草莓牛奶面膜：滋养保湿，增强肌肤弹性

适用肌肤：

中性、油性、混合性肌肤。

美肤功效：

保湿、嫩白肌肤，增强肌肤弹性，尤其适合夏季使用。

制作方法：

将草莓捣碎，用双层纱布过滤，将汁液混入鲜奶，搅拌均匀。

使用方法：

洁面后，将草莓奶液涂于肌肤加以按摩，15 分钟后，用清水洗净即可。

保存方法：现做现用，不宜保存。

美容原理：

草莓具有美容、消毒和收敛作用，可增强肌肤弹性，具有美白和滋润保湿的功效。牛奶可以清热毒、润肌肤，长期使用这款面膜有助肌肤恢复自然光泽及娇嫩幼滑。

美白淡斑，雪肤更无瑕

酸奶珍珠粉面膜：嫩白、细腻肌肤

适用肌肤：

中性、油性及混合性肌肤，敏感性肌肤慎用。

美肤功效：

去角质，令肌肤柔白细腻，四季适用。

制作方法：

将平常喝完的杯装酸奶壁上残留的酸奶刮上去就够了，将 1 匙珍珠粉倒入酸奶中搅拌均匀。

使用方法：

用热毛巾敷面，将酸奶面膜厚厚涂满面部，静待 20~30 分钟后，用温水清洗即可。酸奶面膜可以兼做洗脸之用，使用前后不必刻意清洁脸部。

使用频率：使用 4~5 次后，肌肤将会有脱胎换骨的全新感受。

保存方法：将剩余面膜密封存放于冰箱中冷藏 1~7 天。

美容原理：

酸奶中含有大量的乳酸，作用温和，而且安全可靠。酸奶面膜就是利用这些乳酸，发挥剥离性面膜的功效，会使肌肤柔嫩、细腻。珍珠粉清热解毒生肌，具有多种美容功效。

红酒面膜：高效美白，滋润肌肤

适用肌肤：

中性、干性肌肤，酒精过敏者慎用。

美肤功效：

滋润肌肤，高效美白，增强肌肤弹性，四季适用。

制作方法：

将一张面膜纸放入面膜碗中，倒入红酒，面膜纸一旦接触水分会立即涨大，倒入的红酒的量以淹没涨大的面膜为宜。

使用方法：

将双手洗净打开面膜纸，敷在面部，感觉面膜上的水分半干时取下即可。

使用频率：一周 1 次。

保存方法：现做现用，不宜保存。

美容原理：

葡萄带有天然的红色色泽，含有丰富的抗氧化多酚，能够增强肌肤抵抗力，并促进肌肤血液循环，使肌肤看上去白皙红润，敷过红酒面膜后，肌肤焕然一新。

圣女果蜂蜜面膜：美白肌肤，有效祛斑

适用肌肤：

中性、油性及混合性肌肤，敏感性肌肤慎用。

美肤功效：

紧肤、滋润、祛斑、美白，夏季适用。

制作方法：

将圣女果洗干净，放入榨汁机中打成汁；把蜂蜜调入圣女果汁中，搅拌均匀。

使用方法：

洁面后，将调好的圣女果蜂蜜面膜用面膜刷均匀地涂抹在面部，15 分钟后，用清水洗净即可。

使用频率：一周 1 次。

保存方法：现做现用，不宜保存。

美容原理：

圣女果富含蛋白质，碳水化合物，多种维生素，能够对肌肤起到嫩白祛斑的作用，与蜂蜜搭配，能够有效阻止黑色素的产生，滋润并软化肌肤。

半夏土豆面膜：阻退黑色素

适用肌肤：

混合性肌肤。

美肤功效：

保湿美白、阻断黑色素形成，延缓肌肤老化，四季适用。

制作方法：

将土豆去皮洗净蒸熟，捣成土豆泥，加入半夏粉，少量纯净水，搅拌均匀。

使用方法：

洁面后，将面膜用面膜刷均匀地涂抹在面部，15 分钟后，用清水洗净即可。

使用频率：一周 1 次。

保存方法：将剩余面膜密封存放于冰箱中冷藏 1~5 天。

美容原理：

半夏能够促进血液循环，土豆中的淀粉、蛋白质、维生素可以防止肌肤干燥，使肌肤光洁细腻。

蛋清李仁面膜：祛斑

适用肌肤：

混合性肌肤。

美肤功效：

润肤、祛斑。

制作方法：

将李子核去硬壳，取李子仁研成细末，将鸡蛋清倒入李子仁末中即成，四季适用。

使用方法：

睡前敷脸，次日早晨用清水洗净即可。

使用频率：一周 2~3 次。

美容原理：

蛋清有去黑头、紧肤、润肤、除皱、解毒等美容效果，李子仁含果酸和维生素 E，有祛斑和养颜的作用，李子仁蛋清祛斑面膜有祛黄褐斑及其他黑斑的功效。

强力祛皱，小脸紧绷绷

橄榄油鸡蛋面膜：有效锁水，滋润除皱

适用肌肤：

干性、中性、油性及混合性肌肤。

美肤功效：

美白滋养肌肤、淡化色斑，春、秋、冬三季适用。

制作方法：

将鸡蛋打散，加入半个柠檬的汁液、粗盐、橄榄油一同拌匀。

使用方法：

洁面后，将面膜用面膜刷均匀地涂抹在面部，10~15 分钟后，用清水洗净即可。

使用频率：一周 1~2 次。

保存方法：将剩余面膜密封存放于冰箱中冷藏 1~3 天。

美容原理：

鸡蛋中含有丰富的维生素、矿物质和蛋白质，对肌肤有很好的美容效果，橄榄油又号称“黄金液”，在防止肌肤干燥，除皱抗衰方面功效很强，常使用这款面膜不仅防皱，还可以促进肌肤的光滑细致。

牛奶面膜：紧肤祛皱，防止肌肤衰老

适用肌肤：

任何肌肤，尤其适合中老年妇女或面部皱纹较多的孕产妇。

美肤功效：

紧肤除皱，防止肌肤衰老，四季适用。

制作方法：

将鲜牛奶加 4~5 滴橄榄油搅拌，再加入面粉适量，调匀。

使用方法：

洁面后，将面膜用面膜刷均匀地涂抹在面部，10~15 分钟后，用清水洗净即可。

使用频率：一周 3 次。

保存方法：现做现用，不宜保存。

美容原理：

牛奶可以防止肌肤干燥及暗沉，使肌肤白皙有光泽，牛奶中的乳清对黑色素有消除作用，可防治多种色素沉着引起的斑痕，同时有效保持肌肤弹性和润泽；橄榄油能消除面部皱纹，防止肌肤衰老。

蛋清蜂蜜面膜：收紧肌肤，祛除皱纹

适用肌肤：

干性、中性肌肤。

美肤功效：

粘除污垢，紧实肌肤，化妆前使用，可以延缓脱妆，也可做肌肤受伤后的紧急护理，春、秋、冬三季适用。

制作方法：

取新鲜鸡蛋的蛋清充分搅拌，至全部起泡沫，加入蜂蜜，继续搅匀即成。

使用方法：

均匀涂抹于面部，使其自然干燥，用清水洗净即可。

使用频率：可经常使用。

保存方法：将剩余面膜密封存放于冰箱冷藏 1~3 天。

美容原理：

蛋清中的蛋白质氨基酸的组成与人体最接近，生物价值也最高。蛋清还有清热解毒、消炎，保护肌肤和增强肌肤免疫功能的作用。经常敷此面膜有润肤除皱的效果。

香蕉祛皱面膜：促进细胞再生，对抗肌肤老化

适用肌肤：

干性、敏感性肌肤。

美肤功效：

防止肌肤老化，祛皱。

制作方法：

将香蕉去皮捣烂成糊状即可。

使用方法：

洁面后，将面膜用面膜刷均匀地涂抹在面部，10~15 分钟后，用清水洗净即可。

使用频率：一周 1 次。

保存方法：现做现用，不宜保存。

美容原理：

香蕉有很好的除皱效果，能修复肌肤弹性组织，有效预防皱纹产生，并能帮助润泽肌肤，抹平岁月的痕迹。

苹果祛皱面膜：保湿祛皱，嫩白肌肤

适用肌肤：

干性、中性、油性及混合性肌肤。

美肤功效：

保湿锁水，延缓肌肤老化，适用于秋、冬干燥季节。

制作方法：

在榨汁机里，将 1/4 个苹果加入少量矿泉水打成果汁，过滤取汁，加入玉米粉搅拌成糊状。

使用方法：

洁面后，将面膜用面膜刷均匀地涂抹在面部，10~15 分钟后，用清水洗净即可。

使用频率：一周 1 次。

保存方法：现做现用，不宜保存。

美容原理：

苹果中含有的碳水化合物、果酸等，外用可细致肌肤，强化肌肤自身的储水功能，玉米粉可以锁水、抗皱，激发肌肤活力，延缓老化，使肌肤变得光滑柔嫩。

第五章 打造完美妆容

——做个岁月无痕的无龄美女

浓妆淡抹总相宜

美女必备的“妆”备

相信但凡是爱美的女人，就不可能没有化妆品。但是作为一个美女，仅仅在家里把化妆品备齐还是远远不够的，出门的时候，我们也要带足“妆”备，才能有备无患，时刻保持美丽。

1. 化妆包要质地好，大小合适，便于携带。化妆包是女人的心爱之物，好的化妆包能让我们的心情愉悦，这里面是美丽的动力，它会源源不断地滋润你爱美的心灵。

2. 化妆品不一定样样都是名牌，但是一定要拥有几样名品。每个品牌都有它的明星产品，把这样的经典产品收为己有，打开化妆包时，你会觉得很欣慰。

3. 每天随身携带的化妆包里只放一两样化妆品就可以应付了。使用率很好的唇膏、化妆镜和补妆散粉等，一旦需要重新化妆或者补妆，你都会很方便。

4. 如果要出门几天，不能及时回家，你就需要一个中型化妆包了。里面应该备足哪些“妆”备呢？

◎ 必备“妆”备

一定要准备两支口红，一支冷色调的，一支暖色调的，外加一支护唇膏，时刻保持唇部的润泽。

一面微型的化妆镜当然必不可少。

根据衣服颜色搭配的眼影。

冷暖不同色调的粉底乳。

冷暖两色的腮红。

有一样东西对妆容特别重要，那就是补水保湿品，它可以给面部肌肤增加水分，让肌肤更容易上妆。

睫毛夹、睫毛膏。

最好还要有一套比较小型的保养品和洁面用品。

一瓶体积较小的香水此时也能派上用场，打造自己独特的香氛。

手是女人的第二张名片，所以别忘了带一支手霜在化妆包里。

最后为了在化妆时避免手上的细菌接触到面部肌肤，准备一些化妆棉和脱脂棉签也是必不可少的。

只要有这样一个包包随身携带，无论是临时有约会，还是出席活动，哪怕邂逅王子，都不用慌了，保管能底气足足，时刻靓丽！

妆前保养≠日常保养

喜欢化妆的姐妹，会不会对自己的妆容有类似这样的疑惑：所有彩妆都是口碑之选，但还是会经常遇到不够服帖、脱妆的问题？这并非是化妆品的品质问题，有可能是你疏忽了妆前保养，妆前保养可是完美妆容的重要一步！

◎ 妆前重点——保湿

妆前保养其实很简单，只要做到“补水保湿”得当，细纹和毛孔就可以得到明显改善，再加上适量的油脂锁住水分，彩妆就会变得服帖了。

好的开始是成功的一半，掌握了妆前保养“肌”密便是做到了打造完美妆容的一半。

◎ 如何选择保湿品——需要准确判断自己的肌肤状况

干性肌肤

判断标准：两颊易出现雀斑，局部暗沉，时有脱皮、过敏现象。

干性肌肤保湿课——需要悉心对待，不可马虎行事。

1. 以保湿型化妆水作为“开胃菜”，帮助肌肤提高吸收能力，利用水分软化干燥的角质层，利于后续保湿精华液的渗透。

2. 局部脱皮现象处理：在脱皮区域涂抹更多的精华液，再湿敷化妆棉，自制成局部急救面膜，大约3分钟过后，拿掉化妆棉，使用乳霜在掌心推开并按压在脱皮区域。

中性肌肤

判断标准：肌肤平整，没有太大的肌肤问题。

中性肌肤保湿课——不要用太多护肤品，基础护理即好。

1. 将保湿型化妆水用手直接拍打在肌肤表面，至化妆水完全被肌肤吸收，可以防止化妆水在脸上蒸发，还能起到紧致肌肤的功效。

2. 使用含有微量油脂的保湿精华液，从脸部中央由下往上滑动按摩，至保湿精华被肌肤完全吸收为止。

油性肌肤

判断标准：面部易出油，毛孔粗大，容易长痘痘、痤疮；T区容易出油，两颊干燥。

油性肌肤保湿课——适当改善老废角质问题，令肌肤看起来更明亮，为后续的彩妆效果加分。

1. 美白化妆水。用化妆棉轻轻擦拭整张脸，再用手将化妆水拍打至被肌肤完全吸收，美白化妆水中除了含有保湿因子外，通常还含有浓度较低的酸类成分，能起到轻微代谢老废角质的作用。

2.T区易出油部位：以保湿型化妆水打开肌肤运输通道后，如果T区出油情况严重，可以使用控油的保湿精华液护理，并将产品滑动按摩至被肌肤完全吸收。两颊易干燥部位：多一道乳液程序，使用化妆水后，将乳液放在掌心预热推开，然后用手掌轻轻按压在两颊直到产品被肌肤吸收。

脸不是调色板：化妆要掌握色彩密码

化妆是为了提亮肤色，遮掩瑕疵，彰显优点。可有时候，本来还算白皙的面部肌肤，使用了彩妆产品以后，反倒感到暗沉，难道是自己的脸蛋不适合化妆吗？其实这是因为我们在选择彩妆品的时候，没有选对颜色。

彩妆选购，不能想当然，也不要只挑品牌，却忘记挑颜色，没有考虑到是否真正适合自己，这是非常错误的彩妆选择方法。

选购粉底、隔离霜时，比较暗沉的肌肤，在选择粉底的时候即使是自然色也会过于显白，因此色号还可以再偏暗一号；而本身面部肌肤就比较白皙的，色号最好选择偏白的为好，使用自然色，反倒会遮盖了本身白皙的肌肤，而显得过于暗沉。

选购眼影、唇彩、腮红最简单的方法就是在使用的部位上进行试用。不要怕麻烦，这样才能把效果直观表现出来，如果仅仅是在手边或者手腕处试用，会因为不同肌肤部位的色差，而在色号的选择上产生偏差。

如果你有很多种色系的彩妆品，在化妆时要注意，全脸要一个色系，只是采用深浅明暗的搭配。比如，粉色腮红配粉色唇彩，橘红腮红配橘红唇彩。千万不要什么颜色都用一点，把脸弄得像一张五颜六色的调色板。眼、唇只突出一个重点：若眼妆很浓，则淡化唇妆，裸色最好；若用鲜艳的口红，则眼妆要简单，只用黑、灰、棕等晕染。

如果不是在专业化妆师的指导下，日常妆中，五颜六色的眼影最好慎用，否则很容易显得眼睛浮肿又气质浅薄。

裸妆：彩妆的最高境界

化妆的最高境界就是让人看不出化妆，只觉得你变漂亮了。一款甜美的裸妆，在显出你的清新和美丽之余，也不会令人感觉妆感太厚重。一个完美的裸妆，化起来并不复杂，只要掌握技巧，七步就可以搞定。

1. 洁面。化妆前要先洁面，裸妆需要很干净的肤色，洗完脸后我们需要加强肌肤的保湿补水工作，涂上足够的保湿滋养精华，润泽肌肤。

2. BB 霜。涂上有遮瑕效果的 BB 霜，对于一些需要特别遮瑕的地方，比如黑眼圈、眼袋、痘疤等，就需要使用遮瑕膏处理。最后轻轻地在脸上扫上一层散粉即可。

3. 黑色眼线笔。使用黑色眼线笔，沿着睫毛根部描画出淡淡的眼线，因为是裸妆，眼线可以不用化得太深，把眼形大致地描画出来即可。

4. 下眼线。不要忘记下眼线也要画上，眼线的描画方向是从眼尾开始，向着中间位置进行描绘。

5. 睫毛膏。直接刷上睫毛膏，不需要粘假睫毛，睫毛膏不能刷太厚，否则会变成苍蝇腿。

6. 腮红。用腮红刷蘸取少量腮红，从颧骨向着太阳穴的方向斜向上扫出腮红，对面部进行修饰即可。

7. 唇膏。在双唇上涂上一层淡淡的裸粉色唇膏，让裸妆更添魅力。

七个步骤，打造完美粉嫩裸妆：白皙清透的肌肤，重点打造眼妆部分，让眼睛水亮、有神采，这样简单，即使是化妆新手也能轻松掌握。

卸妆：睡前一定要素面朝天

卸妆虽不复杂，却总是在一天结束后，将要休息的那一刻进行，很多姐妹经过一天的劳累，往往就没有耐心和精力来去掉粉底、眼影、唇膏以及顽固的睫毛液，带着残妆就上床抱头大睡，或者草草洗漱。长此以往，彩妆品就容易堵塞毛孔，肌肤怎会不给你颜色看？所以即便再累，也要彻底清除面部残妆。时刻记住，不卸妆就别化妆！

很多人在卸妆的时候，习惯用卸妆油胡乱地将眼妆一起抹一抹，其实这样是不对的，所以每次洗完脸后总是发现眼框下还有一圈黑。彻底地分工，才是正确的卸妆步骤。

1. 当你的眼妆有大量亮片时，先闭上眼睛，用浸满眼部卸妆液的棉棒，轻轻擦拭上下眼线部位，直至抹去大部分亮片。这个步骤很有必要，可以尽可能地避免亮片跑到眼睛里，引发过敏、发炎等眼部问题。

2. 将两张化妆棉反折，用手指轻提上眼皮，由下往上从内侧卸除睫毛上的睫毛膏，直至眼妆卸除干净。

3. 用清水浸湿化妆棉，拧干，倒上眼部专用卸妆液。将一张化妆棉撕成两片，并且两片都对折。闭上眼睛，将其中一片敷在下眼睑上盖住下睫毛，将另外一张敷在上眼皮上，约 15~20 秒，让眼妆完全溶解。

4. 用盖在上眼皮上的化妆棉由上往下轻轻擦拭，这时卸下来的眼影、眼线、睫毛膏都会被留到下面的化妆棉上。

5. 用干净的棉棒沾清水小心擦拭上下内眼睑，直至上下睫毛根部完全干净，不要忘记眼头、眼尾和内眼角！很多人一定都有过这样的经验，明明睡前已经卸了妆，怎么第二天早上起来眼部还是有黑色的小颗粒？这就是没卸干净！

6. 最后用卸妆油进行全脸卸妆。由于每个人的习惯和肌肤不同，喜欢用的卸妆产品也不同，但无论你用什么，这一步都是不能省略的！就算你没有化妆，只擦了防晒霜出门，晚上还是要进行一次全脸卸妆。

7. 最后一步——用洁面产品再次清洁。二次洁面是很有必要的，因为卸妆产品再温和还是会含有油脂、乳化剂等化学成分，不可以残留在脸上。肌肤偏干或敏感的姐妹可以选择温和、泡沫比较少的洁颜产品。

完成！整个过程不会超过 10 分钟。

云想衣裳花想容

穿衣要有范儿：你的风格你做主

西方有学者研究过人与人的互动行为，他们说，在人们的交往中，别人对你的观感有一半以上是注意你的衣着。这样看来，一个人的风格，主要还真得看外表。

言情小说师太亦舒就是一个比较会穿衣的人，她小说里的女子也都特立独行，穿得有水准。“她的头发束成条马尾，穿一件宽大白衬衫，脸上没有任何化妆。”——优雅并不一定意味着刻意和精致。自然的衣装，一样能把人的气韵体现得很好。

说到穿，其实衣服倒还是次要的，主要倒是看这个人了。她的气韵，她与衣服的搭配度，有时候即使是朴素的衣服也能穿出美妙和神奇来。光有穿，没有神韵，一个人美丽不起来；光有神韵，穿得邋遢，一样是糟践自己。

有很多女子，比如张爱玲，比如杨丽萍，令人印象深刻，并不在于奇装异服，而在于她们独特的风格。

我们穿衣的终极目标是：找到适合自己风格的衣服，并穿出自己的气质！一个人的形象再怎么百变，也要有一个主要的基调，这就是你自己的风格。无论是欧美范儿，还是古典范儿，抑或是民族风，只要是适合你的就是好的。

一旦找到了最适合自己的风格，就不要再变来变去，适当的变化可以有，但是星期一穿一身运动装，星期二穿一条波西米亚风格的大裙子，这种强烈的反差最好就不要有了，基本上是费力不讨好的尝试。

对于我们喜欢和熟悉的衣服品牌，即使每季都推出新款，但我们仍然能够大概知道它的风格。一个好的穿衣风格，能够使你像一个品牌一样，在别人脑海中留下深刻的印象，你的形象从此便有了独特的价值。

百分百回头率：搭配达人的秘密

那些居于橱窗货架上的华服，哪件才适合自己，为什么同样款式的衣服穿在不同人的身上效果迥然不同，为什么几件不起眼的小配件却能带来精美绝伦的视觉效果？这便是服饰搭配艺术的绝妙之所在。

影响服饰搭配的因素很多，如个人对色彩的理解、文化修养、生活习惯、服装造型、穿着场合、职业要求、个人性格与爱好等，因此穿衣不必拘泥于某一模式，看着顺眼的，穿着舒服的，即是搭配成功的。

每个人的个性与爱好在很大程度上左右着服饰搭配的风格。天性散漫、崇尚自由的人可能会选择休闲随意的搭配；生性矜持、端庄稳重的人则选择中规中矩的服饰，裁剪得体、简洁流畅的套装是她们的首选；气质优雅、妩媚动人的女性适合飘逸的衣服，配以精致璀璨的首饰。衣如其人，穿衣也讲究人与衣的缘分。

另外，色彩也是很重要的。一种颜色表现的是一种风格，不同颜色能巧妙搭配出千百种非凡风格。选择好衣服的色彩，使其巧妙搭配，对形象与气质有着举足轻重的影响。

穿衣搭配的学问很深，如果细细地讲来，恐怕一本书也说不完，但是我们可以说一说百试不爽的搭配原则。

服装的搭配不仅要漂亮，还要让身材曲线更加的完美，只要选择对了适合自己的服装，用不同的款式和细节设计来调整整体造型的缺点，就可以让搭配发挥出最大的魅力。

百试不爽的搭配原则

1. 如果双腿不够修长，用迷你裙搭配高跟鞋，可以让身材看起来更为高挑。或者用高腰铅笔裤拉高腰线，让双腿修长的效果加倍。

2. 想要遮盖小肚腩和水桶腰，不妨试试 A 字型的雪纺上装，或者背带下装，抑或是修身的短款西装，都能很好地重新塑造腰部线条。掩饰小粗腰，绝对没问题！

3. 如果双臂粗壮，你可以试试一字领的款式，从肩膀部位向下落下的感觉，可以有效地遮盖胳膊，同时裸露的香肩使你更添女人味！

4. 胸部不够丰满穿低胸装尽量不要选择深 V 型，因为 V 字开口会形成纵向感，只会使你的胸部显得更加空阔平坦。

5. 平胸女孩如何修饰身材？绝招就是穿胸前带有装饰的衣服。它可以在视觉上产生凸出膨胀感，巧妙地弥补你平胸的缺点，使你的胸部显得更加丰满，打造出零缺点美女。胸前有褶皱设计的衣服也有很好的视觉丰胸效果。

6. 胸部丰满的姐妹要避免穿胸前带有装饰的衣服，花边、褶皱、醒目图案等都会使你的胸部显得更加丰满，夸张的大项链和长款项链也会起到负作用。

7. 胸部丰满的女性在选择服饰时应选择松紧有度的服饰，衣服太宽松会显得上半身臃肿，过于紧身又会将胸部凸显，因此，松紧有度的服饰是最佳选择。

无论是时尚达人，还是初学者，只要平日做个有心人，用心揣摩，细细体会，定能达到穿衣的高境界。

乱买衣的后果：衣柜里总缺一件衣服

出门之前，把衣柜翻得乱七八糟，各种各样的衣服扔在床上，比划来比划去，总觉得没有一件合适的，这样的场景并不陌生吧？

衣到穿时方恨少，无论新买了多少衣服，仍然觉得自己还少一件！经常逛街看到漂亮的衣服就买回去，可是后来才发现，其实穿来穿去的也就那几件，很多衣服都被打入冷宫，丢弃在衣柜的角落。“女人的衣橱里永远缺少一件衣服。”无论你买多少衣服回来，逢出门或换季的时候，总感觉少了一件最适合的。每次整理，都会狠心地清除多余的衣物，然后再添加钟情的。可不管怎么添减，还是感觉少一件。

买衣服的心态很重要。购物时不该总想着流行和时尚，你必须保证买的每一件衣服都有真正穿的机会，要保证衣服的“出镜率”。

你要知道，什么样的衣服值得你花大价钱，什么样的衣服可买可不买。你的衣柜里，有些衣服是必备的，保证你出席各种场合都不会出现“衣荒”，哪怕那种款式只有一件。

每个女人都应该有一个经典款的好包、一双经典款的好鞋和一条好裙子，这太重要了，值得花大价钱。而过了这一季就被淘汰的流行款，就没有必要买太奢侈的品牌了，当然，除非你装备衣柜的时候不用考虑经济因素。

衣柜里哪怕只有一两套像样的衣服，也胜过满满一柜子上不得台面的衣服。即使总是穿这一两套——宁可让人质疑你的衣服数量，也不要让人质疑你的品位。

每天都有点睛笔：不可缺少的配饰

“美人首饰侯王印”，自古以来，首饰一直是女人的宠物。女人的凝脂与首饰几千年的肌肤相亲，早已相得益彰，无法分离。

小小一件首饰，是女人一生悲喜的见证，也是女人最好的写照。

爱金饰的女子，珍视生活，热爱生命，有很强的世俗观和与世争锋的自信感，她们是明艳活泼、丽若春花，骄傲而韵姿清楚的。

爱银饰的女子，不势利，不随波逐流，避世而浪漫，有与生俱来脱俗的处事标准和为人之道，她们是雍容闲淡的月华，含蓄中自有一股看透世情的雅意。

佩玉的女子，温润可人，有纯然古典的内心和传统内敛的性情，她们是青丝及腰，玉颊生春，黛眉斜飞入鬓，纤腰不盈一握的纤细女子。

爱陶瓷、皮革、骨、木饰品的女子，飞扬、洒脱、独立、有着匠心独运的灵感和超凡脱俗的品味，她们是纷乱中脱轨的流星，抒发情感的归依便是绚烂自己。

总觉得旧时的女人千娇百媚，和那些“环佩”有着直接的关系。

首饰无情人有情。

女人喜欢首饰，除了那环佩叮当的清越，或许更是为着那些其见证过的刻骨铭心。每一个饰件，都是一份记忆，一份情。一只黑亮的漆木手镯，是情人节的纪念；一挂泛着幽光的银链，满满都是初恋的味道；一克拉细细的白金指环，这是待嫁之日潋滟的光圈；一粒褪色泛黄的珍珠，这是“从此萧郎是路人”的恻然。

首饰是女人生命的印记，浪漫的佐证，如影如随，不离不弃。

愿世间每位女子，以一颗暖心，一份柔怀理解并接纳每一份饰品，以及她见证的故事，并得到幸福。

第六章

你能为自己的**身材负责**吗？

轻松享“瘦”的“食”尚主义

要想轻松享“瘦”，就要从饮食组合、饮食结构及饮食习惯上下功夫，减肥保健的效果才最显著、最可靠。当然，还要改变多静少动的习惯，多参加户外活动，使当天摄入的能量失去转化成脂肪的机会，若长期坚持，又何胖之有？

每个高喊减肥的姑娘都有一张停不下的嘴

尽管肥胖是多因素使然，但饮食因素是致肥的一个很重要、很关键的原因。不进饮食，“肉”从何来？

1. 高脂肪、高热量饮食，过少食用蔬菜、大麦及粗粮，是肥胖发病率增加的重要因素之一。

2. 喜欢吃甜食、油腻食物，及喜欢吃稀汤及细软食物而不愿吃纤维素食物的人，容易发生肥胖。

3. 好吃零食以及食后喜欢静卧的人，肥胖发生率也较高。

4. 偏食或食谱过窄会导致与脂肪分解有关的若干营养素缺乏，造成脂肪分解产热的生化过程受到限制，从而致使体内脂肪堆积而发胖。

5. 进食频率减少，少餐多吃会使脂肪沉积，而增加体重，同时还容易升高血清胆固醇而降低糖量。

6. 吃饭速度过快，咀嚼时间过短，迷走神经仍处在过度兴奋之中，从而引起食欲亢进，往往导致饮食过量

7. 吃饭时看书、看报、看电视，进食时间无规律，晚餐吃太多等也可促使肥胖的发生。

◎ 科学饮食，健康瘦身

有的人认为胖人是天生的，常开玩笑说："容易胖的人，喝凉水也长肉。"其实不然，在肥胖人群的调查中，发现肥胖与饮食习惯有着十分密切的关系，事实也是如此，不进饮食，"肉"从何来？尽管肥胖是多因素使然，但饮食因素是致肥的一个很重要很关键的原因。

我们吃的食物会给身体带来直接的影响。摄入的食物经消化后会通过你的器官和血液输送到全身各处的血管，它已经成为你身体的一部分。所以摄入的食物不同，会对你的身体产生不同的影响。而且，肥胖不只是与摄入食物的数量有关，更与我们吃进食物的品种搭配及饮食习惯有直接联系。

在饮食习惯中，进食的频率减少也会促进肥胖，成人若是少餐多吃会使脂肪沉积，而增加体重，同时还容易升高血清胆固醇而降低糖量。根据调查发现，在同一地区，在一天总食量相似的情况下，每天只进食 1 餐的人群比每天进食 2 餐的人群发生肥胖的比例高，而进食 2 餐的人群又比每天进食 3 餐的人群发生肥胖的比例高。

"食物令人发胖，人又不能不吃东西"，这种矛盾困扰着减肥的姐妹们。不要因为怕胖而刻意不吃，也不要因肥胖遭到感情或生活上的挫折而导致厌食。人不吃东西是无法维持身体的正常运作的，三餐时间一到，我们自然就想吃东西了。

有人用厌食法来减肥，这实在是一种自虐行为。我们的身体并非完全无条件地受我们的控制，它是活的生命体。如果我们长期用非正常的方法使自己厌食，久而久之，身体就会起一种防御作用，看到食物就拒绝接受，真的变得一点食欲都没有了，这对健康的危害是极大的。

相比厌食法，用断食法来减肥就更加决绝。断食法有很多种方式：完全断食，只喝水；只喝特制的清汤、果汁、蜂蜜汁、糖水、稀饭汤或秘方调配的饮料等，借着不断提供葡萄糖，使人体在断食期间不致虚脱。

长期不正常饮食，对常人来说，是高度困难的一件事。也许你可以因为迫切地想要减肥，而咬牙强撑了一段时间，但越是过度压抑口腹之欲，断食期间所涌现的食欲，往往越是出乎意料的强烈。

我们的身体必须依靠新陈代谢来维持生命。断食后，一切能源中断，刚开始，还能依靠分解脂肪来维持；当脂肪也用光了后，就只好开始分解蛋白质，也就是肌肉，但当肌肉也不断地被分解，生命还能靠什么来维持？

即使通过断食，你真的瘦了，但瘦掉的体重还是会反弹。只有用科学的饮食和保健方法去"攻关"，苗条的身材才能指日可待。

食以饮为先，喝什么决定你的体重

◎ 只要喝得对，水灵又苗条

饮食，包含了双重意思，即饮和食。在《本草纲目》中，水被列为各篇之首，足见水在保健和疗效方面的重要意义，难怪古人要说："水乃百药之王"。

"喝水也能长肉"，但是，还要看你喝的是什么"水"。

如果不吃饭，你喝再多的白开水也是不会长肉的，因为白开水本身是不含能量的，而根据能量守恒原理：能量既不会自生也不会自灭，它只能从一种形式转化为另一种形式。

但是，如果喝饮料，情况就不一样了。如果一个人每天喝一听饮料，她发生肥胖的几率会增加60%，这与她每天吃多少东西，看多久电视或做多少运动都没有关系。

为何看似清淡的饮料，给人们体重带来的影响却远大于各种高热量主食呢？大量研究发现，问题的关键在于，高热量的食物容易导致饱腹感，抑制人的食欲，而饮料非但不会减少人们的食欲，冰凉清爽的口感还有可能让你胃口大开。从食物中摄取的热量，加上从饮料中摄取的热量，总热量就增加了。

一项最新研究显示，如果把受试者分为两组，分别给予同样的午餐和热量不同的饮料（一组为可乐，一组为蔬菜汁），受试者来者不拒，有多少喝多少，但最后的结果显示，他们的热量摄入增幅分别为 26% 和不到 10%。由此可见，含糖饮料是当之无愧的热量之源。

想要减肥的姐妹要对含糖分和热量都很高的饮料有足够的防范意识。

1.“可乐”是很强的“催肥”剂。一听“可乐”所含的热量，需要步行 40 分钟才能完全消耗掉，这些饮料“携带着超乎人们想象的热量”，“出其不意、攻其不备”，让体重秤上的磅数不知不觉地“飙升”。

2. 快餐饮料。麦当劳一中杯可口可乐所含的热量有 210 千卡，一大杯奶昔的热量高达 550 千卡，一杯星巴克的加糖汁和奶的咖啡就含有高达 430 千卡的热量，和一份炸鸡相仿，姐妹们在享受这些饮料时，早已不知不觉地摄入了过多的热量。

3. 甜饮料。甜饮料中的糖含量为 4% ～ 10%，也就是说，每 100ml 甜饮料可以产生 16 ～ 40 千卡热量，每瓶 500ml 的甜饮料可以产生 80 ～ 200 千卡热量。饮料中的糖大多是小分子的单糖和双糖，很容易吸收，也很容易转变成脂肪贮存起来，日积月累身体就逐渐变胖了。

4. 果汁。果汁适量饮用对健康是有益的，但每 100ml 果汁中的热量却不低。果汁其实只是含果汁饮料，真正的果汁可能不超过 10%，糖和调味剂才是主要成分，过多饮用也会起到增肥的作用。

5. 运动饮料。运动饮料提供的营养物质并不多，可是能量却不少，运动饮料中所含的卡路里是碳酸饮料的 1/3。运动饮料虽然可以快速补充身体在运动中损失的盐分、水分和能量，但是多喝无益。

6. 茶味饮料。茶的主要成分是茶碱，有兴奋、利尿等作用，可以提高新陈代谢率，帮助身体减肥，但是饮用过多则可能造成身体水分丢失，出现脱水。茶味饮料可适量饮用，但如果是含糖的茶饮料还是少喝为好。

◎ 绿茶是瘦身军团的先锋军

绿茶是瘦身军团的先锋部队，常喝绿茶，你的身体可以更有效地燃烧卡路里。

1. 绿茶中的芳香族化合物能溶解脂肪，化浊去腻，防止脂肪积滞体内。

2. 绿茶中的维生素 B_1、维生素 C 和咖啡因能促进胃液分泌，有助于消化与消脂。

3. 绿茶可以加快体液、营养和热量的新陈代谢，强化微血管循环，减少脂肪沉积量。

4. 叶皂素也能为你的苗条加一把劲儿。

5. 绿茶还能减缓身体的氧化过程，不仅可以减肥，还可以美白清洁肌肤，绿茶的抗氧化作用是姐妹们保持青春的法宝。

6. 电脑族姐妹喝些绿茶，还可以防辐射、抗癌。

绿茶那淡淡的、清新的香味，可以勾起你的味蕾。享受美味的同时又可以美容减肥，相信爱美食又爱美丽的你会爱上绿茶。但是，千万别为了让自己看上去更苗条一些，每天喝大量绿茶。物极必反，过多饮用绿茶会让身体内的铁流失，导致指甲凹凸不平、嘴角发炎，甚至出现严重贫血。

绿茶不可以多喝，也不可以乱泡：

1. 以 200ml 水泡 3g 茶的比例泡绿茶。

2. 水温控制在 80 ～90℃，若是冲泡绿茶粉，水温应控制在 40 ～60℃。

3. 冲泡好的茶要在 1 小时内喝掉，否则茶里的营养成分会变得不稳定。

倒入开水后，茶叶吸收水分，叶片逐渐展开，或徘徊飘舞下沉，或游移于沉浮之间，饮一口齿颊留香，沁人心脾。在喧嚣忙乱的生活中，也不失为一份茶趣。

健康绿茶浴

把喝过的绿茶渣（3 次的量）或泡过水的茶包（3~5 包），放入丝袜，或用纱布包起来，把袋子放入洗澡水里即可入浴，一次约泡 20 分钟。

但要注意，不要用隔夜茶泡澡！

把喝完的茶渣用来洗澡，内外兼修，不但可以消除疲劳，加速身体血液循环和脂肪消耗，更能达到雕塑身材的效果，兼具美白功效。

吃什么很重要，怎么吃更重要

◎ 七种最差饮食方式

我们每天“吃什么”对体重有很大的影响，但“怎么吃”更重要。困扰你的并不是脂肪，而是一组不良的饮食习惯，这些习惯是后天养成的而非天生带来的，所以是可以改变的，改掉这些不良习惯才是根本出路。

七种最差饮食方式

1. 在厨房里吃东西

在厨房里一边准备饮食一边吃东西，常常会在无意中增加所摄入的卡路里，而你对此一无所知。

2. 在工作时吃东西

办公室免费食品是不能抵御的诱惑，让你在整个工作过程中摄入的卡路里不知不觉地迅速增加。

3. 在昏暗中吃东西

昏暗的灯光会减少害羞感，在灯光昏暗的环境中就餐，你会感到很轻松，并不自觉地吃掉更多食物。

4. 在餐馆里吃东西

美国孟菲斯大学的研究人员发现：那些每周外出就餐 6~13 次的女性平均每天多摄入 290 卡路里的热量。

5. 在屏幕前吃东西

边吃东西，边看电视或者玩电脑，你根本不知道自己吃了多少东西，也感觉不到饥饱，增加了无意识的饮食并占用了那些用来进行消耗卡路里的活动时间。

6. 吃东西太过匆忙

吃东西太过匆忙的人平均在 9 分钟之内摄入 646 卡路里，而慢慢享受美食的人则平均在 29 分钟之内摄入 579 卡路里，匆忙就餐还易导致消化不良及胃痛。

7. 吃东西咀嚼时间太短

充分咀嚼食物有助于消化和吸收，并能防止腹胀和胃痛，未经充分咀嚼的食物很难被充分分解，最好是嚼上 25 次使食物呈现糊状。

◎ 减肥是一种生活方式

减肥是一种生活方式。如何合理安排1天的饮食，拥有这种生活方式呢？这里给姐妹们提几个建议，把它们应用到你每一天的生活当中，就能让减肥这件事，变得和吃饭睡觉一样自然简单。

1. 喝汤减肥

以汤代饭，每周4次，10周左右，你就能减掉身体多余体重的20%。

2. 巧妙搭配食物

高蛋白减肥法：不相配的食物不同食，如油脂类食物（肉、牛排、全脂牛奶等）可与蔬菜、豆类食物同食，但决不能与糖类（米、面粉等）同食。

3. 饭前吃水果

餐前1小时吃水果是一种简便、有效的减肥方法：水果中的粗纤维能给胃一种“饱胀”感，缓解旺盛的食欲，而且粗纤维在体内无法被吸收，从而起到减肥的作用。

4. 早餐前喝咖啡

早餐前30分钟喝一杯咖啡也能有效减肥：咖啡中的黄嘌呤产热，为身体提供足够的热量，能够有效控制食欲，让你只吃以往食量的75%就感觉到饱了。

5. 早餐时补充钙质

早餐时补充钙质能加快身体脂肪的消耗：每天摄入600mg剂量的钙质，早餐和午餐各300mg。

6. 上卫生间前喝一杯酸梅汁

上卫生间前喝一杯酸梅汁能有效地排出体内的脂肪和毒素：酸梅中富含的花表素具有这一效用，喝一杯酸梅汁，身体的“清洁”程序将大大加速。

营养均衡：身材变窈窕，健康不受损

◎ 胖人也需要科学进补

“胖人”与“进补”似乎是两个压根不搭界的词。胖人还要补充营养，那不是越补越胖吗？很多姐妹都有这种误区：肥胖者营养本身就“过剩”，减还减不掉，何谈“补充”二字？

那是因为肥胖还有一个很重要原因：营养不足。

其实，肥胖者体内“过剩”的主要是脂肪和热量，其他营养素，如常量元素、微量元素、维生素、膳食纤维等，不仅谈不到“过剩”，还往往存在不同程度的缺乏。

肥胖患者也会气、血、阴、阳不足，气虚补气，血虚补血，阴虚补阴，阳虚补阳，胖人也需要科学进补。

◎ 补钙也能瘦身

如果有人告诉你，你只要多摄入 300mg 的钙，就能减掉 2.5~3kg 的体重，你会不会心动？难道补钙也可以减肥吗？

钙质促进体温上升，提高体内代谢率，更可抑制脂肪合成并促使其分解，体重因而减少，也就是说：吃进去的钙越多，人体内的脂肪量就越少。

若你试过各种方法，就是瘦不下来，那可得想想是不是因为钙质缺乏！为了留住骨本，保健骨骼，健美苗条，每一个女人都要认真摄取钙！

钙减肥姊妹花——牛奶和酸奶

1. 低脂牛奶和酸奶含有丰富钙质，不仅低卡，还能促进吸收消化和清理肠胃。

2. 牛奶是人体钙质吸收率最高的食品，牛奶含有高量的乳糖和氨基酸物质，最能帮助人体吸收钙质。

3. 低脂、低卡的酸奶含有乳酸菌，能促进肠胃蠕动、帮助肠内环保、解除便秘、加速新陈代谢，并能改善易胖体质，而内含的高量钙质，更能达到燃烧脂肪的效果。

4. 为了有效燃烧脂肪，我们每天至少要摄取 1000g 钙质，如果每天都能喝 400g 的低脂酸奶，再加上正常饮食，就能达到钙质摄取的标准。

小贴士：一天 400g 的酸奶摄取量，不要 1 次吃完，最好在早、中、晚餐时吃，尤其早餐前吃，可帮助排便顺畅。如果觉得光吃酸奶太单调，不妨搭配蔬菜和水果，酸奶内的钙质加上蔬菜水果中的维生素、矿物质、食物纤维等，才能完美地摄取均衡的营养。

◎ 吃糖的十五个原则

健康吃糖有 15 个原则，只要能够遵守，你就能瘦身也甜蜜。

1. 多运动。散步或者其它有氧运动，可以刺激大脑，使你心情愉悦。

2. 减少每天的卡路里摄取量。

3. 不要减少正常的饮食频次，那会使你贪嘴甜食的情况更糟。

4. 日常菜单不要太复杂，越多你爱吃的菜，你就越会控制不住自己多吃。

5. 不妨选择瓜果蔬菜，它们含有自然糖分并且还提供维生素等有益元素，可以在果蔬上浇层薄薄的糖浆，那样也可以满足你的甜食需求。

6. 果糖代替蔗糖。果糖和蔗糖都能引起肥胖，但是由于果糖更甜，用果糖代替蔗糖，可以减少你的用量。

7. 少吃巧克力、糖果这类单糖，尽可能吃水果或淀粉类的多糖，少吃高糖高盐分的果脯和话梅，多吃无热量的果冻。

8. 吃糖醋排骨时，不妨在面前放一碗温水，将糖醋小排过水后食用。

9. 吃糖时间很重要。除了早晨和上午，尽量避免空腹吃甜点，高热量点心如芝士蛋糕，则放在饭后吃比较好。

10. 坚决杜绝晚餐以后吃甜点。晚餐后，身体对热量的吸收有神奇的力量，危害比任何时候都要大。

11. 疲劳的时候要避免吃甜食。甜食会消耗身体内的 B 族维生素，让身体更加疲劳，无形中也会增加赘肉。

12. 放假时间糖摄取量可能达到一个高峰期，要注意别过量。放假时间心情放松，一不小心就会吃很多甜食，况且窝在家里不想运动，肥胖自然会找上门来。

13. “代糖”与蔗糖穿插食用。

14. 学会比较不同食物的含糖量，不要被食物的表象迷惑。有的时候，一块饼干比一块巧克力的含糖量大，一听可乐比一块蛋糕更可怕。

15. 可乐爱不释口的人，建议选择健怡可乐代替普通可乐。一瓶 600ml 的健怡可口可乐的热量为 0.84 千卡。一瓶同样容量的百事可乐含 218.1 千卡共计 66g 碳水化合物。

好消息，胖美眉也能吃零食

◎ 零食红绿灯

很多减肥的姐妹都领会到了零食的可怕，似乎任何一包小小的零食都蕴藏着巨大的热量。想要减肥就要坚决戒掉零食：不看、不理、不买。

零食真的是身材的天敌吗？非也！只要明智地选择健康零食，同样可以使你保持苗条身材。

“零食红绿灯”

“红灯零食”——禁止食用，能不吃就不吃：肉干、蜜饯等腌渍品，含有大量“隐形油脂”，让人胖得不知不觉，肥得不明不白。

“黄灯零食”——黄灯通行，适量就好：烘烤的核果与瓜子等种子类零食，将固体油脂咀嚼入肚，对于减重可是大不利。

“绿灯零食”——畅行无阻，但吃无妨：低热量、低脂肪、高纤维的蒟蒻干；水果、果仁或者其他低热量的小份零食，鲜果、干果、脱脂酸奶、幼胡萝卜、果仁瓜籽，都可以放心食用。

◎ 吃肉的三大秘诀

如果你无肉不欢，既想要吃肉，又想不长肉，难道真的无计可施吗？其实，胖人不是僧人，是可以适当吃肉的，如果能够掌握吃肉的 3 个秘诀，就可以让自己没有后顾之忧地满足一下口舌之欲。

秘诀一：荤素按比例搭配着吃。

秘诀二：荤与素轮流坐庄。

秘诀三：慢火炖煮，吃肥肉也不胖。

◎ 巧吃零食

1. 如果你偏爱甜食，你可以吃一些葡萄干、樱桃干、新鲜苹果片蘸热的黑巧克力。
2. 如果你偏爱咸味，你可以吃一些杏仁、全麦饼干，或者一小罐蔬菜汁。
3. 如果你偏爱脆脆的口感，你可以吃一把高纤维的谷物，或者爆米花。
4. 如果你偏爱奶油的味道，你可以吃低脂布丁、酸奶或者风味麦片。
5. 如果你觉得身体能量在下降，你可以吃一把干果、果仁、有芝士夹心的全麦饼干、一个煮熟的鸡蛋，或者酸奶加一汤匙的麦片。

6. 如果你感觉饥饿，你可以吃一些胡萝卜加黑豆泥、一片添加了一大汤匙低脂花生酱的面包。

7. 如果你需要在运动前或运动后小食，你可以吃一些低脂酸奶、全粒谷类以及水果。

8. 如果压力令你压抑不住拼命吃零食的欲望，你可以喝一杯茶、一小杯脱脂牛奶或者吃一小块巧克力。

◎ 低卡零食大盘点

1. 海苔

一包海苔的份量是 5g，热量为 19 千卡，油脂量占总热量的 9%，加上又有维生素 A 与膳食纤维，算是零食类中的少数异类，但高血压患者不能多吃。

2. 鳕鱼香丝

鳕鱼香丝没什么营养价值，每份热量为 100 千卡，油脂占总热量的 4.5%，不过属于加工食品，建议每周 1 次。

3. 原枝葡萄干

葡萄干的热量是每 100g341 千卡，葡萄干含有多种矿物质和维生素、氨基酸，常食对神经衰弱和过度疲劳者有较好的补益作用，还是妇女病的食疗佳品。

4. 石榴红莓萃

富含对女性生理健康有益的蔓越莓精萃，适合容易久坐的你。

5. 樱桃莓综合水果脆片

非油炸，不添加砂糖和防腐剂，完整地保留了水果本身的维生素与膳食纤维。

6. 脱水杏桃

脱水杏桃几乎不含油脂，不含任何化学添加物，营养价值高。

7. 奇异果干

由新鲜奇异果切片制成，让你享受零食口感的同时，还能兼顾健康营养。

8. 牛奶巧芙

每个热量为 160 千卡，非高热量，让你享受美味的同时又没有太大的热量负担。

9. 黑五谷糖波堤、豆香波堤

使用健康、自然的纯植物油，健康的五谷、豆类口味，软 QQ 造型设计，分担热量。

以“动”制“胖”的瘦身“处方”

热水沐浴＋瘦身操＝没有赘肉

◎ 热水沐浴——快乐减肥法

常洗热水澡可以通过出汗来达到减肥的目的，但热水沐浴减肥法可不是只要用热水洗澡就可以，要想达到减肥的效果，里面学问大着呢！

人在洗热水或温水澡时，可使体温上升，体温升到38℃左右时，便开始出汗。人体出汗，可以消耗掉体内大量的热量，还可以帮助人体脂肪的排泄及消耗。

采用洗热水澡出汗法，一般每周能减轻体重1kg，每月减轻体重4kg。当然，如果还想减得更快，可不能大吃大喝，还要适当控制饮食，多做运动，不能单纯依靠洗澡出汗法。

◎ 热水浴＋紧身操＋坚持＝轻盈妙曼

浴前瘦身操

进浴室之前，做适当的运动，可以帮助你取得更加卓著的瘦身成绩。在你想要瘦下去的部位，涂上乳液，再用保鲜膜包裹起来，利用这段时间做一套瘦身操。

1. 将两个肩膀向上缩起，做足 30 次。

2. 站立，将身体尽量向上拉直。

3. 向后踢腿，持续 5 分钟，休息片刻，调整好呼吸后，继续，直到大汗淋漓。

洗热水澡减肥法

1. 选好洗浴时间。最佳时间是饭后 2~3 小时内，此时洗浴消耗的能量多，又可避免发生低血糖性虚脱，更加安全有效。

2. 洗热水澡出汗后，离开热水一会儿，将身上的汗水晾干，然后再进入热水中使之再次出汗，出汗后再晾干，再进入热水中，重复 3~5 次。

小贴士：心脏病、高血压患者不宜采用“热水澡减肥法”，因为患者在热水中浸泡时间长，可能发生意外。经期、孕期女性也不宜采取此法减肥。

塑身“绝地任务”

1. 清洗全身，冲水至身体发热。

2. 将粗盐在腿部以打圈的方式由下而上按摩，直至粗盐完全溶解，冲水至身体发热，用减肥皂按摩 5 分钟以上。

3. 用力拍打、揉搓赘肉部位，直至赘肉部位的肌肤变红，擦干身体。

4. 涂抹适量紧身霜，直至完全吸收。

如果你能按步骤进行，并坚持下来，你肯定能够体会到没有赘肉的轻盈妙曼。

减肥不减胸，苗条又有型

◎ 减肥与美胸难两全

想减肥的姐妹们你们会陷入这样两难的境地吗？减肥减去了一身肥肉，但想要丰满的胸部，却也跟着缩水不少。如果说减肥的同时你还能升级罩杯，你是不是觉得在痴人说梦？这里就为姐妹们介绍几种减肥的同时还能升级罩杯的方法，让你在拥有苗条身材的同时，亦能拥有旖旎的胸前风光。

◎ 乳腺型 or 脂肪型

乳房一般可以分为两种：一种是乳腺型，一种是脂肪型。

判定方法：捏副乳腋窝。

乳腺型

判定方法：捏起来感觉里面有像米粒一样的东西。

可瘦程度：乳腺型的胸是不容易缩水的，胸里面充满的是乳腺。乳腺型的胸多来自于遗传，就算这类型的姐妹节食减肥，胸部也不会有很明显的缩水。如果你的胸部是这种类型，那么就恭喜你了。

脂肪型

判定方法：捏起来就是一大块。

可瘦程度：脂肪型的胸就比较吃亏，从你开始减肥的那天起，你的胸就会首先开始缩水。你的胸蕴藏着大量的脂肪，当你减肥的时候，你的身体最先消耗的就是你胸部的脂肪。

◎ 饮食 · 运动 · 超简单丰胸

饮食

脂肪型胸部的姐妹减肥要以运动为主，节食为辅，这样胸部缩小的几率相对来说会少一些。当然，减肥期间也千万不要忘了补补胸。

1. 摄取足够的胶原蛋白可使乳房光洁度好，有弹性。含胶原蛋白的食物主要有：肉皮、猪蹄、牛蹄、牛蹄筋、鸡翅等。

2. 调整激素分泌。多吃富含维生素 E 以及有利于激素分泌的食物可以促进乳房发育以及维持乳房的丰满与弹性。此类食物有：粗粮、牛奶、猪肝、牛肉、卷心菜、菜花、蘑菇、葵花瓜子油、菜子油等。

3. 每天坚持饮用 8 杯水，可以滋润、丰满乳房。

运动

女性的背部与乳房的健美息息相关：走路时，背部平直可使乳房自然挺起；坐立时，含胸塌背会压迫乳房；睡眠时，仰卧或侧卧可以使乳房更加挺拔。

每天清晨不要忘了多做深呼吸，既可以使头脑清醒，还能有效扩胸。减肥期间，更要注意加强胸部肌肉的锻炼，如扩胸运动、俯卧撑、扩胸健美操等。

摆摆手臂“拜拜”肉

“拜拜肉”：抬高手臂，不要绷紧肌肉，挥动手臂，如果此刻上臂下方，也就是肱三头肌的位置有赘肉在晃动，就说明你有消除“拜拜肉”的必要了。女性很容易出现“拜拜肉”，但是由于我们平时很少运动到这个部位，而且这里的赘肉很难消除，只有做专门针对这里设计的运动才有效。

◎ 一把椅子瘦手臂

1. 将椅子靠墙固定好，椅背靠自己，背对椅子，距离椅子一大步站立，双臂向后伸直，正手握住靠背，保持直立，挺胸抬头，将重心放在双脚上，保持椅子稳固不动。

2. 保持站立，弯曲双臂，身体后仰，重心倾向椅子，用双臂的力量支撑身体，双腿伸直，将身体后仰至极限。

3. 用双臂的力量将身体撑起，恢复到准备动作，做足 30 下。

4. 回到准备姿势，双臂弯曲，重心下降，双腿随着弯曲下蹲，用双臂的力量支撑身体，重心下降至极限，维持此姿势几秒。

5. 用双臂的力量将身体撑起，反复做一蹲一起的动作，过程要慢，做足30下。

小贴士：注意穿防滑鞋，防止摔倒；找一块厚毛巾或者毯子垫在椅背上，防止伤害肌肤。

◎“拜拜肉”特别方案

方案一：空手运动瘦双臂

1 盘腿坐立，挺胸收腹，双臂向后弯曲，抓住肩膀。

2 以肩关节为支点，顺时针上提双臂，至双臂肘关节相碰。

3 双臂尽力提到最高。

4 将两小臂尽力向两侧打开。

小贴士：

不断重复此套动作可以充分运动左右小臂和两臂的肘关节，达到消除“拜拜肉”的效果。

方案二：伸展拉长瘦手臂

1 双腿并拢站立，双手十指交叉，向外翻转伸直，上半身向左扭转下压，使双手、双手臂、头部、背部、腰部成一条直线。

2 向右做相同运动。

方案三：简易扭转脊梁功

小贴士：

这个运动能够使手臂显得更加修长紧致，会令你看上去比实际体重瘦1~1.5kg。

1 取直角坐姿。

2 左脚跨右腿，左脚脚掌贴地，紧贴右小腿外侧，左手扶住右膝盖，右臂向后伸直，挺胸收腹。

四个运动快速瘦腰

古书中记载“楚王好细腰，宫中多饿死”，为了争宠而瘦腰，为了瘦腰而饿死，未免有点太疯狂了。但恐怕不仅仅是楚王喜欢细腰，相信没人会喜欢水桶腰，包括女人自己，所以，瘦腰仍然是个千古不变的课题。

瘦腰，简而言之就是去掉腰部多余的脂肪。瘦腰围最快的方法就是运动，利用有效的运动来清除腰间多余的赘肉。下面有几种瘦腰的方法，不仅见效快而且不容易反弹，想要瘦腰的姐妹们不妨试一试。

运动一：椅子运动

模拟坐在椅子上，其实并没有椅子：运用腰部的力量，让身体慢慢下蹲，让大腿来承受身体的重量。

运动二：自行车运动

模拟自行车运动，而非真的骑车。

仰卧在垫子上，双手自然紧贴身体两侧，保持不动，背部和头部紧贴垫子，注意不能抬起，弯曲双腿做踩自行车运动。

运动三：手臂屈曲运动

1 仰卧在垫子上，双手自然紧贴身体两侧。

2 双腿并拢弯曲压向腹部，双手抱膝。

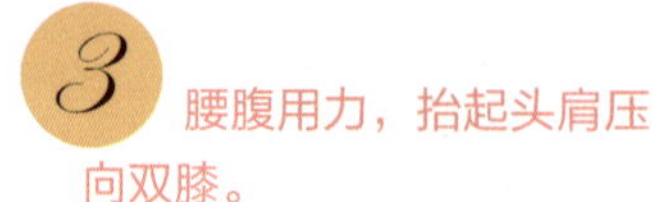

3 腰腹用力，抬起头肩压向双膝。

运动四：双腿伸直瘦腹运动

仰卧在垫子上，双手自然紧贴身体两侧，双腿并拢向上抬起至极限，双腿用力保持上抬的姿势，双手、头部、肩部、背部紧贴垫子。

六个收腹动作，让你不当小腹婆

◎ 收腹六式

小腹这个问题，其实并不分男女。但是不论男女，大量存储在腹部的脂肪对健康的危害程度都很大，因为腹部脂肪细胞能将脂肪直接送入肝循环，从而影响肝的功能，所以说腹部锻炼，不仅仅是为了美观，更是为了健康。

第一式

1 仰卧在垫子上，双手自然紧贴身体两侧。

2 右腿弯曲伸到左腿左面，右小腿紧贴左腿，左手搭在右膝上，身体成扭转姿势 。

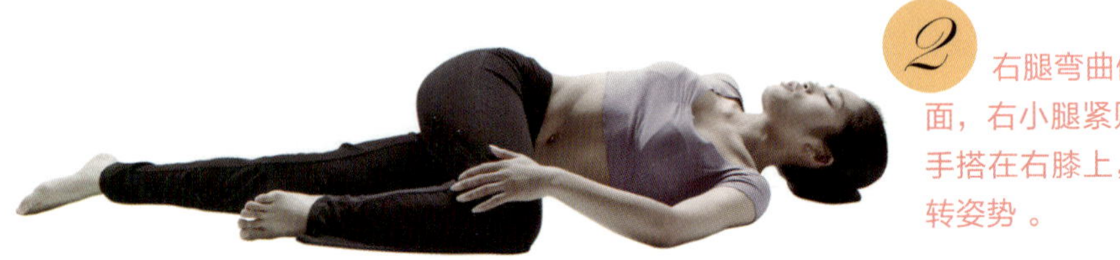

小贴士：
这套动作可以锻炼腹部肌肉，使腹部平坦结实。

3 上体保持不动，右手向右后方尽量伸展。

第二式

1 仰卧在垫子上，双手自然紧贴身体两侧。

2 双手、头部、肩部、背部紧贴垫子，保持不动，双腿并拢抬起，运用腰腹的力量尽量向头部方向下压。

小贴士：
锻炼下腹肌肉，开始动作时，手臂不要用力，当腹肌感到吃力时，手臂可以给一些助力。

3 臀部离地，运用头肩、腰腹的力量，双腿尽量下压。

第三式

1 取直角坐姿。

2 双手握拳伸直，身体后仰，运用腰腹的力量，将并拢的双腿尽量抬起，注意双腿不要弯曲。

小贴士：
这套动作可以很好地锻炼腹直肌、腹内外斜肌及髂腰肌。

3 回到直角坐姿。

第四式

1 仰卧在垫子上，垂直伸直双手、双腿，成直角姿势。

2 平直放下左手和左腿。

3 回到起始姿势。

4 平直放下右手和右腿。

小贴士：
反复练习，可以锻炼上、下腹部及腰部的肌肉，注意手和腿不要弯曲，保持平直。

第五式

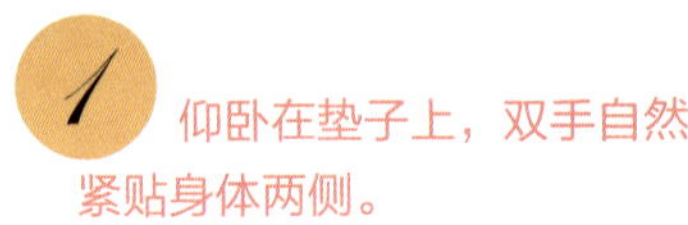

1 仰卧在垫子上，双手自然紧贴身体两侧。

2 双腿并拢，弯曲下压，使小腿与身体保持水平。

小贴士：
可以伸展腹肌、腰侧肌、肩带肌，促进腰椎的灵活性，使身体舒展、挺拔。

3 伸直双手，运用腰腹的力量，抬起上半身，双腿保持不动。

第六式

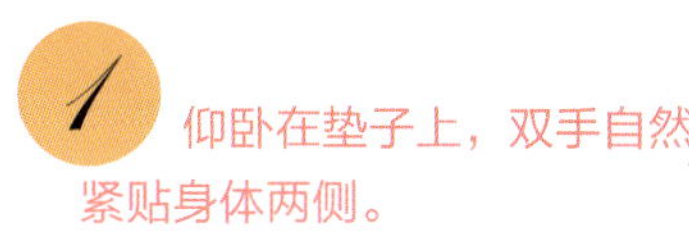

1 仰卧在垫子上，双手自然紧贴身体两侧。

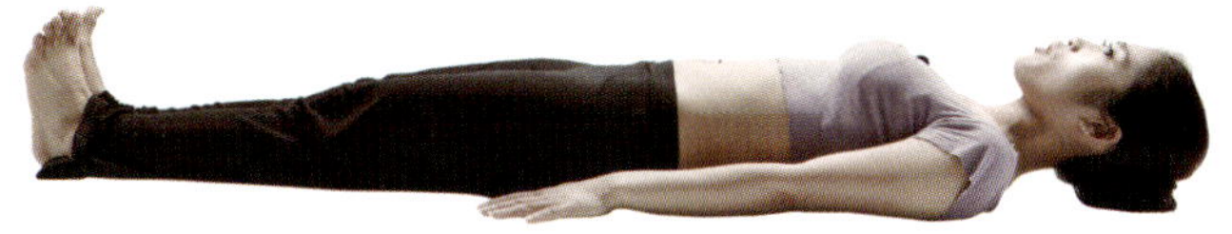

2 双手抱头，双腿紧贴垫子，用力抬起上体。

3 将上半身抬高到与双腿保持垂直。

小贴士：

1. 双手的位置和动作的速度是仰卧起坐的关键。
2. 双手的位置直接关系着减肥效果：双手越靠近头部，仰卧起坐就会越吃力，最佳的姿势是两手轻轻托在颈后双耳处，双手不要十指交叉放在脑后，以免用力时拉伤颈部肌肉，而且这样也会产生使颈部向内压缩的借力，降低腹部肌肉的运动量。
3. 动作的速度一定要慢：无论是上升还是下降，越慢就越有利于消耗脂肪，当腹肌把身体向上拉起时尽量呼气，这样能确保处于腹部较深层的肌肉都能锻炼到。

◎ 速效瘦身腹部呼吸法

山田式呼吸法

日本著名的山田式呼吸法在日本很盛行，而且效果好，一位电视台的记者小姐在采访山田式呼吸法时，就亲身体验了一回其功效。

学习前：胸围是 83cm，腰围是 63cm，臀围是 93cm；

3 个月后：胸围是 88cm，腰围是 61cm，臀围是 89cm。

掌握了这种呼吸方法，能训练出平坦的腹部，还有丰胸的效果。

山田式呼吸法：先用鼻子吸气，双肩不要上抬，充分扩展胸廓，然后用嘴吐气。在呼吸过程中，可以使用上腹部，但小腹一定要保持收缩状态。

小贴士：

1. 尽量收缩小腹，充分自然地吸气。
2. 吐气时注意小腹部不要膨胀。
3. 呼吸节奏要和谐适中，不宜过快或过慢。
4. 刚开始进行山田式呼吸法时，不要马上加大呼吸量，因为胸廓还未充分扩展，空气会习惯性地吸入小腹，因此，呼吸量应适当加大。

瘦腿绝对计划

◎ 一二三去跳绳

在美腿的过程中，我们需要利用有氧运动把多余的脂肪燃烧掉，除此之外，我们还需要做一些无氧运动，使肌肤和肌肉更加紧实。跳绳是一项很适合在春秋季节进行的无氧健身运动，持续跳绳 10 分钟与慢跑 30 分钟所消耗的热量相差无几，属于耗时少却耗能大的无氧运动。

跳绳可以减少腿部的赘肉，并能使全身肌肉匀称有力，跳绳 1 小时就可以燃烧掉 600 ~ 1000 千卡的热量。有些人认为跳绳会令小腿变粗，错！标准的跳绳不会使小腿变粗，反而可以有效瘦腿！

基本跳绳法

先从最简单的跳绳练起，基本跳绳动作：双手向前摇绳，双脚起跳，手脚配合。

1. 前脚掌起跳并落地，不要用全脚或脚跟着地，身体自然弯曲。

2. 向前摇绳时，大臂靠近身体两侧，小臂近似水平，用手腕发力摇绳。

3. 每分钟最少要跳 100 次，才能达到减肥的效果。

4. 剧烈的跳绳运动后不要立刻停下来休息，先步行一段时间，让血液循环恢复正常后再停下来，再做一些伸展运动。

5. 起初保持在原地连续跳 3 分钟，1 个月后争取达到连续跳 10 分钟，最后争取连续跳半小时，这是比较恰当的减肥计划。

6. 如果你的体重较重，最好双脚同时起落，上跃也不要太高，以免关节因过分负重而受伤。

跳绳注意事项

1. 选一副顺手的绳子，刚开始跳绳的时候选择革质硬绳，长度要求踩住绳子的中点时，绳子的一端轻触到腋下即可，熟练以后可以缩短绳子的长度，甚至可以换成尼龙软绳增加难度。

2. 选择宽松的衣服，不要穿牛仔裤等紧身衣跳绳，那样会增加跳绳对关节的冲击力。

3. 选择质地软、重量轻的运动鞋，以避免脚踝受伤，绝对不要光脚跳绳。

4. 在饭前跳绳会增强减肥的效果，另外早晨起床后跳绳，可以使头脑清醒，精力充沛，睡前跳绳则可以避免失眠，很适合脑力劳动的人采用。

5. 选择软硬适中的草坪、木质地板和泥土地，尽量不在硬水泥地上跳绳，以免损伤关节。

6. 暖身非常重要，因为跳绳时的落地对关节有冲击力，所以跳绳前要充分活动脚腕、脚踝和膝盖等关节，跳绳后也要做一些放松活动。

◎ 跳绳美腿升级版

如果你已经用基本跳绳法减去了一些腿上的脂肪，但又止步不前，你不妨试试这组跳绳美腿的升级版吧！作为升级版，这次衍生出了7种不同的跳绳姿势，加大了强度和难度。

7种跳绳姿势美腿升级

基本动作：双脚并拢，手腕挥动绳子以弧形摆动，脚尖先着地，这样可以缓冲地面对关节的作用力，降低跳跃落地对关节的损伤。

1. 侧身斜跳：上半身向正前方跳绳，下半身向左或向右斜转，这个练习尤其可以强化腰腹肌。

2. 单脚屈膝：一腿屈膝，向前抬起，另外一腿踮起脚尖，单脚跳跃，两脚交换进行，这个动作运动量大，不用追求跳绳的次数，坚持锻炼可以很好地塑造小腿完美线条。

3. 分腿合腿：先用基本姿势跳绳暖身，然后两脚分开站立，跳起来时双脚并拢，落地时再分开，跳绳的速度不要太快，尽量跳高一些，这个练习的运动强度很大，可以锻炼身体多个部位，可以当作全面瘦身的方法。

4. 两腿交叉:左、右腿交叠，大腿紧紧夹住，依靠双脚的弹跳力量跳跃，这个动作必须保证双腿时刻夹紧，跳的时候不要太快，保持慢而高的节奏，可以锻炼大腿肌肉，对修饰腿部线条非常有效。

5. 骑自行车：模仿骑自行车的动作，单脚跳绳，不要跳太快，尽量收腹并把腿抬高，这样既可以拉伸大腿线条，又可以消耗腹部脂肪。

6. 双臂交叉：双臂交叉跳绳，这个动作难度和强度较大，既可以运动双腿，也同时锻炼了手臂。

7. 背向反跳：做好肩部准备活动，双臂向后挥动绳子跳跃，速度不要太快，以免向后挥动绳子的时候扭伤肩关节。

宅女减肥的懒人懒招

◎ 宅在家里也能瘦

宅男、宅女当道的时代，很多人乐于每天足不出户，但是天天“宅”在家里，可能渐渐会发现体重不容乐观，不能照顾到自己的健康和苗条！

还有很多 SOHO 一族的姐妹们，由于职业原因，整天“宅”在家里，虽然不用为打卡而奔波上班也收入不菲，但每天生活不规律，锻炼的机会很少，脂肪就会轻易地找上门来，赖着不走。

小肚子不争气地越长越大，总得想办法解决。正所谓，懒人有懒招，在家里也可以有效减肥。只要你在生活细节上能保持良好的习惯，饮食减肥再加上运动瘦身，窝家宅女也可以健康窈窕。

◎ 宅女减肥懒人七招

1. 每天至少吃 3 个水果和 3 两蔬菜

每天至少吃 3 个水果和 3 两蔬菜：多吃水果和蔬菜容易产生饱腹感，帮助你减少吃甜食的欲望，控制你摄取的总热量，还能有效治疗便秘。

2. 每天 8 杯水

每天喝足 8 杯水：早上起来喝杯白开水或者淡蜂蜜水，可以加速肠胃蠕动，把埋伏在体内前一夜的垃圾、代谢物排出体外，减少小肚腩出现的机会。但是睡前不要喝太多，会造成眼睛浮肿、夜尿多，影响睡眠质量。

3. 远离酒精

酒不含脂肪，但卡路里含量却很高：一杯 200ml 的酒精饮料其热量就达到 100 千卡，酒还会提高你身体的皮质醇水平，这种强力的荷尔蒙恰恰是小腹储存脂肪的帮凶。

4. 不要浪费每一次走路的机会

充分利用你每一次走路的机会：将腿绷直伸出去，脚跟先着地，不要走外八字或者内八字，这样走有利于拉伸腿部肌肉线条，让你的腿形看起来更完美。

5. 做一个爱做家务的女人

让自己成为勤劳的干净女人：衣服最好自己手洗，饭后要清理厨房，拖地板，擦拭桌子和其他家具，这些日常家务活可以避免你饭后立刻躺着或坐着，能有效阻止脂肪囤积，消耗不少卡路里。

6. 挺腰直身端坐

减肥有时候只有纠正一个坐姿习惯那么简单：时刻提醒自己挺胸、缩腹、直腰，哪怕不能长期坚持，只要你想起来就做，都有可能从肚子上减去 2 斤或者更多累赘的脂肪。

7. 呼拉圈转起来

看电视的时候呼拉圈转起来：不要成为随时瘫坐的懒女人，摇摇呼啦圈可以让你每小时消耗每公斤体重 5 千卡左右的热量，如果你的体重是 45 公斤，那么你摇一小时呼啦圈大约可消耗 225 千卡的热量，假以时日，你就可以成为纤腰款款的瘦美人。

◎ 宅女族的早晚健身操

无论什么时候，想要有效减肥，运动总是王道，下面是一套专为宅女一族定制的早晚健身操。

早晨，这套健身操可以帮助你逐渐进入精神振作的状态。晚上，这套健身操可以为你驱除疲劳。全套动作共 6 节，不要求你身体特别柔软，因为它的目的之一就是要较好地发展你的柔软性，教会你保持平稳，养成优美的姿势和高雅的步态，而且能够帮助你安静、凝神和自我沉思。

那么，准备好了吗？洗个热水澡，换上宽松的运动服，开始做操。每节动作缓慢平稳，划分成 5 个深呼吸程序：第 1 个深呼吸摆出准备姿势，第 2~4 个深呼吸完成动作，第 5 个深呼吸回到准备状态，开始酝酿下面的动作吧！

1 双腿并拢站立，伸直双腿，双手撑地下压，将头部压向膝盖。

2 脚尖略分开，脚后跟并拢站立，踮脚，双手从两侧举起，手掌互对，臀部紧绷，抬起下巴。

3 双脚并拢站立，双手交握，食指伸直，弯曲上半身，运用腰腹和背部的力量，将头压向膝盖，双手随着身体的动作伸直。

4 双脚交叉坐在垫子上，背要直，双手同样交叉，膝面抬起，刚好被手搂住。

5 左脚弯曲踩在垫子上，右脚向后伸直，膝盖、小腿、脚背着地，双手放在膝盖两侧撑地，上半身缓慢弯曲后仰。

6 动作1：直角坐姿。

动作2：双腿并拢，弯曲踮脚，双手抓住脚后跟。

动作3：运用腰腹的力量，上抬双腿，绷直，双手顺着脚后跟伸直，双手小臂紧贴双腿小腿。

办公室里的瘦身必杀技

◎ 电脑美眉的瘦身必杀技

以电脑桌为据点的上班族，有时一天下来都坐在椅子上，总是赶工赶到一个阶段才能起身上厕所或喝口水，运动十分缺乏，久而久之就变成腰酸背痛又没身材曲线的人。

手部运动

1. 十指相扣，手臂向外伸直，深呼气，手臂向外用力，吐气，重复 3~4 次。
2. 转动手腕，顺时针、逆时针各转动 5~10 次，两手上下摆动，放松。

颈部与肩部运动

1. 十指交叉于脑后，头往下压，脖子伸直，重量置于手和手臂，做 5 次。
2. 慢慢旋转颈部，顺时针、逆时针各 5 次。
3. 放松，提高肩膀，吐气并放下，重复 4~5 次。
4. 晃动肩膀，向后 5 次，向前 5 次。
5. 脸看向右后下方，重复 3~5 次，再反方向进行。

脚部与足部运动

1. 坐立，将腿弯曲提起与胸平行，提起、放下各 5 次。
2. 顺时针、逆时针转动脚踝各 10 次。
3. 脚趾并拢，弯曲向上，伸直向下，交替做 5 次。

手部与脸部运动

1. 用指尖按住头顶部，上下移位，轻轻点按。
2. 用指尖轻轻由太阳穴按摩到下颚处。
3. 食指与拇指捏住上眼皮，向外拉，反复多次。
4. 沿着面颊骨按摩眼睛四方。
5. 由鼻孔旁向外按摩至下颚，再回到原点。
6. 捏住耳骨向上、向下、向外各拉 3 次，然后向前、向后各转动 3 次。

◎ 上班族纤体运动

上班族一般都坐在格子间，很少能有大动作，但小空间也能有大用处，利用每天的工作环境，随时伸展动一动，你会发现腰酸背痛减少了，精神更好了，身材曲线也纤细拉长了！想要提高工作效率、提升自我魅力，就要赶快多动！

伸展肢体运动计划

坐在椅子上，离椅背稍远，让臀部与椅背有足够的空间可容纳双手动作，身体稍微前倾，扭转肩部。

训练效果：伸展背部及肩胛部肌肉，十分适合上班族姐妹，能纾缓肩背僵硬、酸痛的不适感，还能拉长手臂及肩部线条。

伸展躯干瘦腰腹运动

坐在椅子上，身体朝正前方，双脚自然著地，双手合十于胸前，下体保持不动，上体左转，再用同样的方式右转。

训练效果：伸展躯干部位及上背部肌肉，这个动作可以让躯干得到良好的伸展及活动，有效雕塑腰腹曲线。

长时间与电脑为伍，除了肥胖的问题外，时间一长还会头昏脑胀、眼晕眼花、四肢酸痛，健康受到了极大的威胁！适当的运动能让你远离这些电脑综合症，所以一定要做！

第七章

做个健康的俏女郎

女人的那些事

卵巢是女性的"抗衰老中心"

◎ 女人年轻的秘诀——卵巢

卵巢的主要功能是分泌女性激素和产生卵子，女性发育成熟后，分泌雌激素和孕激素。雌激素能促进女性生殖器官、第二性征的发育和保持，可以说女性能焕发青春活力，卵巢功不可没。

卵巢功能不好会影响雌性激素的分泌、性功能、肌肤、肤色和女性三围体态，女性脸色发黄，体态臃肿，阴道发干，提前变成"黄脸婆"，衰老早早来临。反之，如果卵巢保养得好，女性的面部肌肤就会变得细腻光滑，白里透红，保持韧性和弹性。

卵巢功能的衰退是"冰冻三尺，非一日之寒"，所以它的保养也是一个长期的过程。

◎ 日常生活中养护卵巢的法则

女性卵巢的寿命在 35 年左右，保持良好的生活饮食习惯和愉悦的心情就是最好的保养。

1. 多吃蔬菜、水果，保证维生素 E 和维生素 B_2 等各种营养物质的吸收，常喝牛奶，多吃鱼、虾等食物。

2. 可在医师的指导下适当服用补养肝肾、滋补气血的药物，如何首乌、熟地、黄芪等。

3. 练习瑜伽：瑜伽的锻炼动作和相配合的呼吸方式，可以疏通女性器官的气血循环，调整荷尔蒙的分泌。

4. 不吸烟，也不吸二手烟：烟草对卵巢的伤害是很大的。

5. 不要随便吃减肥药，也不要做超负荷的运动和体力劳动。

只要我们在生活中遵守上面这些简单的法则，就可以很好地养护卵巢，使它成为我们名副其实的“抗衰老中心”。

子宫只有一个，学会安全避孕

◎ 流产是对子宫的终极伤害

古希腊人在几千年前，就已经了解到了“避孕”与“堕胎”的分别，这一点该让很多现代人感到惭愧，的确有很多现代人不知道如何预先避孕，而只能选择事后堕胎。尤其是刚刚开始性生活的年轻女孩子，她们很多都是在伤痛中学会亡羊补牢，没有早早地认识到：我们的身体，我们的子宫只有一个。

在现在这样一个开放的年代，性的吸引和性的享受已经被提前到了同居阶段，摆在每对情侣面前的首要问题就是避孕。

我相信，大多数女孩在和男性发生性关系之前，通过口口相传，或是从网上、书上了解了不少避孕知识，但真正实践起来，仍会漏洞百出。一次、两次没有出事，三次、四次就开始产生侥幸心理，你开始疏忽，直到有一天，噩梦真的发生：你不得不一个人躺在冰冷的病床上，以一种耻辱的姿势，失去一次做妈妈的机会。

流产不仅仅是短暂的损伤和疼痛，流产会因人而异，产生如长年腰痛、不孕症等很多后遗症。在子宫的种种磨难中，流产，是它受到的终极伤害！

给私处最好的护理

◎ 发生率最高的阴道炎

女性如果不注意私处的清洁及卫生，很容易患上各种妇科疾病。女性外阴处分泌皮脂腺较多，皱褶部位易藏积垢，使外阴局部处于潮湿状态，为微生物的生长提供了良好的培养基。

女性阴道是一个偏酸性的环境，而且阴道内部温暖潮湿，十分适合霉菌的生长，引发霉菌性阴道炎，这是颇让女性头痛的一个健康敌人，很多女性一生中至少患过 1 次霉菌性阴道炎，发生率极高。

◎ 注意“红灯”，预防霉菌

其实，我们的身体在“发霉”之前，还是会有一些“红灯”警报的，只要能够引起警惕或注意避免，就可以做到有效地预防霉菌性阴道炎。

1. 滥用抗生素

咳嗽、发热、头痛等症状很有可能不是细菌引起的，即使是细菌引起的，盲目而匆忙地使用广谱抗生素似乎杀伤面太广了一点。

2. 单独清洗内衣裤

霉菌可以在阴道、肌肤表面、胃肠道、指甲内等地方大量繁殖，这些部位寄生的霉菌还会互相传染，成为引发阴道炎反复感染的来源，为了防止霉菌的交叉感染，内衣裤一定要单独清洗。

3. 过度清洁

一般情况下，用清水清洗外阴就行了，频繁使用妇科清洁消毒剂、消毒护垫等，破坏了阴道本身的微环境，使平衡失调，降低了阴道的自我抗菌能力，使霉菌易于入侵而引发疾病。

4. 怀孕

妊娠时机体免疫力下降，性激素水平高，阴道组织内糖原增加，酸度增高，有利于霉菌生长，要多加注意。

5. 洗衣机

几乎每个洗衣桶内都有“霉菌军团”，衣服上的霉菌大部分也是来自洗衣机桶，洗衣机用得越勤里面滋生的霉菌越多，最好的解决办法就是用60℃左右的热水清洗浸泡洗衣盆!

6. 公共用具

公共用具其实有着很大的卫生隐患，如公共汽车上的坐垫、宾馆里的抽水马桶和浴盆等，都有可能隐藏着大量的霉菌，接触后可引发霉菌性阴道炎。出门在外，不要使用宾馆的浴盆、要穿长睡衣睡裤、使用抽水马桶前先垫上卫生纸等。

7. 避孕药

避孕药中的雌激素有促进霉菌生成菌丝的作用，导致霉菌进一步侵袭阴道组织，使用避孕药后很容易产生一些疾病。

8. 他

如果你感染上了霉菌性阴道炎，需要治疗的不仅是你，还有你的他，双方共同治疗才会有预期的疗效，不再发生交叉感染。

9. 紧身化纤内裤

紧身化纤内裤使阴道局部的温度以及湿度增高，霉菌大量繁殖，为了健康，还是改用棉质等天然面料的内衣裤吧。

生理期的美丽烦恼

◎ 生理期的日常养护

生理期最应该注意的事情是保暖。冬天自不必多说，夏天也需要注意。经期前后坚决不能贪吃凉食,更不能吹风扇、空调,要安安静静地休息,泡夜店一类的夜生活也要避免。

1. 自制茶饮：冬天时可以自制些红糖生姜水、黄芪枸杞茶、桂圆红枣茶、玫瑰花茶。

2. 主食以清淡为主,多吃润肠通便的食物,也可以多吃些红豆汤、桂圆汤、八宝粥等。

3. 月经后期多补充含蛋白质及铁、钾、钠、钙，镁的食物，如肉、蛋、奶等。

4. 生理期期间切忌盆浴，容易受到污染，如果要洗澡最好用淋浴。

4. 准备一个暖水袋，不舒服时随时捂住腹部。

5. 睡前，用热水泡脚，早早休息，注意夜间保暖。

卫生巾，长翅膀的莫逆之交

◎ 选择卫生巾有讲究

女性生理期卫生用品的发展从粗糙到精致，从无奈到自主，从自卑到自豪，从束缚到自由，卫生巾，诉说着女人的周期，女人的故事。第一次世界大战中的美国护士，用绷带加药用棉花制成了最早的卫生巾。此后，卫生巾以其方便体贴的程度很快成为女人的莫逆之交。

卫生巾的挑选是一件非常重要的事情。怎样选择卫生巾——这种不为第二人知的小细节，最容易透露一个女人的优雅或粗糙。一个精致到细节、美丽到内在的女人，一定要以很精细，甚至很挑剔的目光来选择你的“经期伴侣”。

女性选购卫生巾时，一定要先看“卫生指数”，要以无菌卫生为原则，详阅所购卫生巾的生产、使用说明，了解其卫生指标控制情况，以利安全洁净。千万别拘于某一品牌而忽略了卫生指数。此外，必须具备“使用合格”标志，这样的卫生巾方可放心购买。

物理学中有一个名词叫“回渗”，比如一块吸了水的海绵，轻轻挤压，水便会流出。卫生巾表层的“回渗”当然越少越好，尤其是夜用卫生巾。这样，受到压力时，卫生巾中积存的经血才不至于被挤出。但吸收层最好不要像个小棉褥子般笨笨厚厚，要薄，要轻便。

很多女性为了自己方便，经常使用大吸收量的卫生巾，这种做法也是不提倡的。因为长时间不更换卫生巾会使局部通风差，导致细菌繁衍，从而诱发各种妇科疾病。

坏习惯会让人变丑

做个睡美人——甜蜜的睡眠是美容灵药

人生中，有 1/3 的时间是在睡眠中度过的，这不是浪费时间，“睡眠是抵御疾病的第一道防线”，“睡得香”是衡量人体健康的标准之一。

所谓美人多觉，是因为夜晚是肌肤新陈代谢的最佳时段，此时肌肤血管完全开放，血液可充分到达肌肤，肌肤在血液的供应下，进行自身的修复和新生，能起到预防和延缓肌肤衰老的作用，所以说睡觉是最好的美容灵药！

睡眠不足是肌肤的一大杀手，也是身材走形的一大因素。深度睡眠时，大脑会分泌大量的成长荷尔蒙，把人体的脂肪转化为能量，避免脂肪囤积到臀部、大腿和肚子上。

肌肤干燥缺水、色素沉积、色斑、痘痘、肌肤粗糙，这些都跟睡眠不足有关。经常熬夜会影响到肌肤自身的锁水机能、自我修复与再生能力，同时新陈代谢也会减慢，导致毒素囤积，加速肌肤老化。另外，

美国一项研究也显示，睡眠不足也会直接影响内分泌，女性激素分泌不足，自然看起来苍老 10 岁。

睡眠不足不但影响肌肤状态,还会让身材走形。当女性睡眠减少时,体内的“放纵”激素就会迅速增加，它是让人吃得更多的罪魁祸首。相反，在深度睡眠时，大脑会悄然分泌大量的成长激素，它会指导身体把脂肪转化为能量，避免脂肪囤积到臀部、大腿和肚子上。这也是少人尝试通过少睡觉消耗能量来减肥最终以失败告终的原因。

并非躺上床才是睡觉的开始。如果睡前 1 小时你还是守着电脑、电视，那么你的神经就无法得到松弛，睡不着只能数绵羊就在所难免了。营造舒缓优雅的入眠氛围，从感官上共同着手温和催眠，自然更容易入睡。

在房里点上香氛蜡烛，薰衣草、橙花等香味能促进脑内啡生成，使人容易进入深层睡眠。可配合香味进行深呼吸。气集丹田，做 478 呼吸——先呼气，再以鼻吸气，默数 4 下，闭气 7 下，再用口呼气，默数 8 下，平心静气，助你整夜安稳好眠。

没有裸睡过的姐妹不妨试试。裸睡很性感，而更重要的是，你会睡得更沉更舒适。没有了衣服的隔绝，能促进加快新陈代谢，有利皮脂的排泄和再生。

睡觉时的姿势也非常重要，背朝上俯卧睡觉，第二天脸部会发生浮肿，这是因为入睡期间血液向面部集中而引起的。注意背朝上的姿势还会对心脏造成负担。另外，总是向左侧或向右侧侧躺，则下面一侧的皱纹相对要深一些，因此应保持脸朝上的睡姿为宜。如果脖子皱纹特别多，检查一下是不是枕头过高。

另外，早上醒来就应该尽快起床，赖床会影响美容觉质量，如果睡醒后还赖在床上，体温也会因为身体长期处于不活跃状态而变得过低，从而分泌出大量的褪黑素（一种可以促进睡眠的人体激素）。这样，接下来的一天你会感到更累而且昏昏欲睡，而这种昏昏欲睡又会妨碍你在晚上进入深度睡眠。所以，睡够了就赶紧起来吧！

好眠四招

1. 营造舒缓的入眠氛围，从感官上着手温和催眠，易于入睡。

2. 在卧室点上香氛蜡烛，薰衣草、橙花等香味能促进脑内啡生成，使人容易进入深层睡眠。

3. 没有裸睡过的姐妹不妨试试裸睡，没有衣服的阻隔，能加快人体新陈代谢，有利于皮脂的排泄和再生。

4. 睡觉时的姿势也非常重要，保持脸朝上的睡姿为宜，同时检查一下枕头是否过高。

做个柔美人——身体越柔软，人就越年轻

两腿直立，弯下腰，你能够到自己的脚尖吗？不要小看这个测验，它的答案与你的健康关系重大，它能够判断你的身体是否足够柔软。

岁月悄悄偷走的不只有我们的年龄，还有我们身体的柔软性，而“软”和“硬”是人体年轻与衰老、健康与不健康的重要标志。

“软”和“硬”决定了一个人的“身体年龄”。随着年龄的增长，身体会不断硬化，关节活动范围变窄、肌肉量减少、肌腱和韧带等无法伸展。我们在年岁中不经意地忽视了自己的身体，而我们身体的报复是：它提前变硬。

现代人的生活方式很大程度上制约了我们的运动量，很难让身体获得充分的活动。不经常使用肌肉，它就会变得硬化、僵化、老化。

僵硬至少会给身体带来以下几种危害：

1. 肌肤粗糙：肌肉和血管硬也会影响到肌肤的血液循环，使面部出现干燥、色斑、暗沉、皱纹、松弛等问题。

2. 容易受伤：大腿肌肉硬化会增加膝关节负担，膝盖会出现疼痛和活动障碍的情况，同时与之相连的腰大肌、股关节活动变得困难，让人无法大步行走，容易跌倒，引起较严重的受伤甚至骨折。

3. 身体疼痛：身体硬化会导致血液循环缓慢，身体变“寒”，容易腰痛、肩颈酸痛。

4. 畏寒畏冷：人体的热量约 40% 是由肌肉产生的，如果肌肉硬化，其产生的热量就会减少，导致体温降低。

5. 时常疲劳：血液循环有一个重要作用那就是输送营养物质和氧气，回收体内导致人疲劳乏力的废旧物质，如果肌肉硬化，分布在其中的毛细血管也会变硬，导致血液无法正常流动，血液循环功能变差，人的身体也随之容易觉得疲劳。

6. 体重增加：充足的肌肉运动可以很好地燃烧人体摄入的能量和脂

肪，如果肌肉僵硬，无法充分活动，就会导致新陈代谢功能下降，脂肪无法燃烧而积存下来，致使体重增加。

如何缓解肌肉紧张状态，让身体由内而外放松下来，也有小妙招。

自测柔软度

双腿伸直坐在地上，脚尖竖起垂直于地面，尝试以手够脚尖。

一般来说，如果手能超过脚尖 1 掌的距离 (15~20cm)，说明你的身体足够柔软。

如果只能勉强碰到脚尖，或超过脚尖的距离，女性在 6.7cm 以下，男性在 0.5cm 以下，你的身体柔软度相当于 65~69 岁的老人。

泡澡·橄榄油·按摩

泡澡是一项极为享受的静态运动，用 60℃左右的温水浸透全身，让每个毛细孔充分扩张开、尽情呼吸，进而达到身心舒缓、放松筋骨、消除疲劳、促进血液循环等效果。

浸泡 20 分钟，将橄榄油均匀擦拭全身，用热的浴巾包裹 10 分钟，再回到浴缸里继续泡上半小时，不但能放松紧张的肌肉，肌肤也会恢复健康光彩。

专业的按摩手法也能够改善身体的僵硬情况，按摩颈肩背部疼痛及肌肉紧张处，有助于改善局部血液循环、缓解肌肉紧张、解除疲劳以及减轻疼痛，对于由肌肉僵硬引起的肌肤干燥有明显改善作用。

第八章

生活态度：“乐”活女人的别样魅力

“笑表达了人类征服忧虑的能力”

快乐的习惯，你有没有？

所谓快乐，就是极其短暂的乐事。快乐的习惯你有没有？快乐也是可以培养的。

“我们的生活有太多不确定的因素，你随时可能会被突如其来的变化扰乱心情。与其随波逐流，不如有意识地培养一些让你快乐的习惯，随时帮助自己调整心情。”这段话是美国畅销书《如何快乐》的作者，心理学博士凯伦·撒尔玛索恩女士说的。

美国一家调查机构在全世界 22 个国家调查人们的快乐水平，结果显示，美国人的快乐水平最高，有 46% 的美国人对自己的生活感到快乐；其次是印度，37% 的印度人乐呵呵地生活着；而中国人的快乐水平最低，位列榜尾，只有 9% 的中国人觉得自己活得快乐。

难道对于我们来说，快乐竟然成了奢求？

在生活中培养一些有趣的习惯，会帮助你收获快乐。

1. 用照片记录下生活

每天坚持拍下身边的人和事：阳光照耀下的树木、滴着雨珠的树叶、路边的小黄花、邻居家可爱的孩子以及朋友的婚礼，将生命中的印记永久地留存下来，即使再微小，当你闲下来整理照片的时候，你会发现生命中处处是美丽，快乐原来是这么容易的事情。

2. 看伤感的电影

看一部伤感的电影，情难自抑时，放声哭出来，然后安慰自己：还好这只是电影，并不是真实的生活。这样做的好处是既可以在痛哭中释放压抑的情绪，又可以反向安慰自己，得到心灵的慰藉，也会很容易发现：简单亦是一种难得的快乐。

3. 在闲暇的周末清晨做做白日梦

不妨在周末的清晨做一个美美的白日梦，当阳光照耀进来时，伸展一下身体，然后吃一顿美美的早餐，再精神百倍地开始周末的娱乐生活。

4. 与老朋友定期以邮件的形式保持联系

定期与朋友通邮件，聊聊彼此的生活，你的内心世界将不再单一。你不仅可以尽情地释放，彼此稀释掉对方生活中的不快，还能拾起被淡漠的友情。

5. 在水边散步

人与生俱来就是亲水的，我们在婴儿时期便置身于羊水中。在水边散步，能有效地放松身心，即使烦恼再多，在有绿树有流水的环境中，你也能暂时抛开一切，为自己“偷”得浮生半刻闲。

6. 偶尔吃一顿美食

人天生是渴望被关爱的，当她在受到与别人不同的照顾时，心情会不知不觉地变好。吃一顿美食的妙处就在于：你除了享受到美味可口的食物，还会感觉自己受到了特殊礼遇，享受的感觉会加倍。

7. 每周做1次美甲

如果你看见自己的指甲又长、又脏、又难看，相信你的好心情也会大打折扣。坚持每周做 1 次美甲，不仅能让自己的指甲更加整洁、漂亮，还能让你有“一切尽在掌握中”的满足感。

8. 多参加集体活动

在休息时间适当地将自己赶出家门，参与集体活动：登山、郊游、野餐、party、同学聚会……鼓励自己积极参加集体活动，你会在玩乐中找到让自己坚强、平和的力量。

9. 定期游泳

游泳极消耗体力，让人精疲力尽，却能让人很好地摆脱烦恼，身心舒展。当你被水包围的时候，再糟糕的心情也能被软化。

10. 体验小资情调

找一家环境好的咖啡馆，带上一本喜爱的小说，选一个靠窗的位置，坐下来点一杯咖啡，边喝边读……体验一下小资情调，静谧一下心情，你也会受到氛围的影响，得到真正的放松和享受。

11. 大声歌唱

心情不好时，打开收音机，大声歌唱，你只要全身心地投入，尽情释放，你可以很快重拾好心情。

12. 给朋友寄卡片

你可以在随身携带的包包中放一些你精心挑选的卡片，在等公共汽车、排队结帐、等人时，随手拿出一张写上只言片语，然后将你的心情和感悟邮寄给你的朋友。当卡片被一张张写完并邮寄出去后，你和朋友都可以收获到意想不到的快乐。

13. 每个周一，穿一身亮丽、明快的衣服。

14. 偶尔吃一份最昂贵的蛋糕或巧克力，并保存价签和包装盒。

15. 一边洗澡，一边唱歌。

16. 一边打电话，一边信手涂鸦。

17. 穿舒适的衣服，做想做的事。

18. 定期有夜生活。

19. 多吃点干果。

20. 每天对着镜子做各种表情，如果发现自己的表情很难看，你一定会情不自禁地笑出来。

压力下的“红苹果

苹果似乎是女性生活中的一个隐喻，从夏娃偷吃苹果开始，女人的生活便有了彻底地改变。

一个外表看起来新鲜、光亮的红苹果，放久了，里面会悄悄地变黑，而因其外表仍然是诱人的红润，所以你并不知道它其实已经变质了。只有当你想起吃它，切开来，才发现这个苹果已经坏掉了。

“红苹果式和谐”是很形象的比喻，它指现今背负家庭、事业、社会多重压力的职场女性，因为普遍采用一味以压抑来应对问题的错误方法，而产生内外不一的不平衡的心理后果。

职业女性正为事业和家庭付出越来越高昂的心理代价：在工作中，她们必须脱离自己的习惯模式，去学习和适应男性化的思维和待人处世的方式；在生活中，她们又仍然要保持女性化的思维方式、做事方式，要在这两种迥异的模式中不停转换、跳跃，难度可想而知。对于工作所必须承担的责任和竞争力，以及来自家庭生活的压力，她们都不堪重负。

好运，是一种运气还是能力？

◎ 小雪的好运

我的好朋友小雪运气一直不错：家境好，学习成绩好，毕业后就做了OL，各方面待遇都很好，老公是大学同学，人品样貌都不错，两人顺顺当当恋爱结婚，一切都一帆风顺。

相比之下，小雪老公的运气似乎差了点，在公司做小职员，很不巧，在市场竞争中，公司面临倒闭，他不得不重新找工作。一个是高级女白领，有着丰厚的收入，一个是失业男人，前途黯淡，老公心里有些自卑。老公决定自己创业，开一家设计公司，从事自己喜欢的事业。

第一笔资金是父母支援的，一桌两椅三个人，简陋的公司开起来了。创业总是艰难的，有半年多，老公的公司没接到一个业务，所有的家庭开支包括职员的工资几乎都是小雪在负担，很多时候，她要深夜加班赚奖金，我们都觉得，一直与小雪如影如随的好运，似乎要弃她而去了。

除了物质资助以外，小雪给予老公更多的则是精神上的帮助，老公从小生活在单亲家庭，性格内向，有时有点悲观，小雪常常以她开朗的性格影响老公。“有100元，我们就去吃大餐，有10元，我们就吃泡面，只要看着太阳照常升起，我们就要快乐的生活，钱总是能赚来的。”她经常这样鼓励老公。

老公终于抛弃了顾虑，充满信心去开拓业务。机会总是青睐勤奋的人，在创业一年多的时候，公司慢慢有了起色，老公交给了小雪第一笔家用。

小雪继续发挥自己阳光性格的力量，她把家庭及朋友圈营造出一个相当美好的氛围。在她的张罗下，朋友圈的聚会更是成了一个惯例。朋友们聚在一起，喝酒唱歌热闹非凡。聚会都不到餐馆，而是真正的家宴，她用乐观的人生态度将家庭、事业及朋友圈都打理得很好，很大程度上夯实了老公的人脉基础。

小雪掌握着家里的经济大权，投资理财很在行，即使是在老公创业阶段，家里的经济状况在她的打理之下一直良好。老公的付出终于也获得回报，买车买房对小夫妻来说都不再是奢求，小家庭的财富稳步增长。坐在自己家的阳光房里，老公对老婆心怀感激，小雪却觉得自己只是做了分内的事，得到今天的一切只不过是运气好而已。

谁不希望自生来就有好运气，有好命，其实，女人的好命更多的还是一种特质和能力。

好命的女子通常都具有强大的内心和旺盛的生命力。赢得好运，靠的是什么？一定要有阳光般的心态和性格，并且聪明，有判断力，有自己的事业，有自己的朋友和社会关系，这样才不至于被社会和时代抛弃，更会得到爱和尊重。只有一个人内心的优良品性、自信潜能和幸福感受被极大的激发，才是真的拥有好运。

◎ 好运十大密码

1. 首先经营好自己的事业，为生活打下良好的物质基础。
2. 开发夫妻共同的兴趣点。
3. 在工作和家庭间自然地转换角色。
4. 科学理财，把鸡蛋分装在多个篮子里。
5. 适当给家人、朋友买点小礼物，增进感情。
6. 经营好自己的社交圈，注重拓展人脉。
7. 提高生活品质。
8. 关爱亲人健康，也要注意自己的健康。
9. 再独立的个性，也要与他人分享生活中的喜与忧。
10. 生活中遇到困难不重要，重要的是你对待困难的态度。

做好自己，不必奢求人人都满意

以内心的沉静面对外在的纷扰

箭在弦上，在猎物还未进入最佳射程之时，通常引而不发，是为冷静；敌人在临近咫尺的时候，然而却尚未进入指定伏击圈，因此而按兵不动，是为冷静……

冷静是一个人在特定的场合下内心所持的一种沉稳状态。人在突然受到某种刺激时，情绪会发生急剧变化，或焦急，或忧郁，或兴奋，或冲动……这些情绪能不能被控制，取决于个人的心理素质。心理素质好的人，能够控制它使其向更好的方向发展，表现在行为上就是临阵不乱、遇事冷静、沉稳，能够做到三思而后行。

遇到事情的时候，只有冷静能够帮助你。冷静是做人的一种智慧，在平时的生活当中有许多矛盾不是靠肢体力量，靠鲁莽行动能够解决的，而需要在冷静思考后才能化解掉，它可以启迪人们用脑子思考问题。用脑的过程就是冷静的过程，就是产生智慧、办法、对策的过程。一个头脑容易发热，发胀，甚至炮仗性子一点火就着的女人，通常是谈不上有多少智慧的，当然也不可能把矛盾解决好。搞不好到最后还会被别人利用，或者火上浇油，做出对自己不利的事情来。

冷静还是一种修养，是源自于内心的。有的人冷静不下来，不论是心胸狭窄的原因，还是争强好胜等原因，说到底还是自己的修养不够。冷静也是自身力量的一种表现。俗话说，有理不在声高。冷静并非故作姿态，也不是胆小鬼，更不是软弱，而是审时度势，不轻佻，不张狂。常见有人一句话说不对便面红耳赤，大喊大叫，这种人貌似强悍，其实色厉内荏，是不堪一击的，即使自己占理也会因不冷静而使天平滑向对方。

中国的儒家，经常教人，盛怒之下，勿与人语，也勿许人物。因为，盛怒之下，人往往会失去理智，做错事，所以，气愤难平时，千万不要轻易做出决策。

古代的老和尚给了我们一个智慧的方法：那就是，时急事，你朝前走 7 步，再后退 7 步，如此 3 遍，你的心就静下来了。这时你再进行思考，就不难发现事情的真相以及找到解决问题的办法。

慢一点，你会更从容

想一想，你身边有没有这样的朋友。

每天早晨一进办公室，就将正在考虑与自己合作的客户的电话通通打一遍，尽管前一天下班前，她已经跟所有的客户都电话沟通过了。如果是朋友打来电话，总会不停地说："我很忙，真的太忙了，有时间再打给你。"到了周末，也许会偶尔留出一点时间给自己和朋友，朋友问她为什么老不接电话，她还是那句老话："我忙死了。"聊不了几句，必定要把话题扯到工作上，问朋友能否给自己介绍几个客户，通话或者聚会总会在她的这种"工作式聊天"中不欢而散。

好不容易有个假期，本来计划要好好休息。可假期第一天她就觉得心神不宁，抚平这种躁动情绪的最好方法，就是在每晚睡觉前浏览工作计划表。放松是一种什么状态，她早已经不记得了。一旦没了压力，生活好像也就没了意义。

像这种被湮没于重重任务之中不能自拔的症状，心理学家称为"压力上瘾症"。压力之所以会让人"上瘾"，是源于压力的"魅力"。人们都渴望"被需要"的感觉，为了让自己的存在显得更加重要，人们总是把日程表排得满满当当的，并乐此不疲地筹划着下一个工作计划。如果让"压力上瘾族"放松下来，好好休息一段时间，他们心里就会产生一种罪恶感。即使找不到压力的理由，他们也会没事找事，把小事夸大，使之升级到"高度紧张"的状态，给自己制造压力，否则心里就会产生极大的失落感，好像自我价值没有得到充分实现。这样的人认为做得越多，代表着人生就越成功，生命就越有价值。

没有人能够在紧张焦虑的心态之下活得轻松愉快，长期如此，身心健康必然会为之付出代价。

杞人忧天也是产生焦虑的一种心态。巨大的压力往往来自于把一些遥远或是次要的事情都搬到眼前，而且逼迫自己快速做完。比如下个月出差需要的材料，非要在今天晚上准备齐全。

谁都不能保证自己从不失败。如果不能坦然接受自己的失误，也就无法停止给自己施加压力。其实失误或者失败，与快乐、成功一样，都是心灵的收获。

学着帮自己放松，重拾被搁置已久的爱好，结识新朋友，陪家人出去郊游度假，让自己的生活丰富多彩起来。

再强大的人也要学会倾诉，让关心自己的朋友为自己分担一些烦恼与忧愁，才不至于让自己孤身在压力的泥潭里越陷越深。

走到窗前望向窗外，深呼吸，将注意力集中到这次呼吸上并忘掉一切。这听起来极其简单，但是你很难想象这样做能给你带来的平静。告诉自己，慢一点，想清楚自己的方向，你可以更从容。

幸福可遇亦可求

有很多的女性会自问 :“我幸福吗? ”、“我怎样才可以更幸福? ”。不久前，我们国家发布了一份《中国女性生活质量报告》，反映的是中国女性在关注物质生活提高的同时，逐渐重视自我的心灵感受，更加注重提升自己的“生活幸福感”。这是一种意识的觉醒。

中国女性幸福感调查报告的出炉，似乎意在迎合近年来逐渐升温的女性话题。且不论这个报告的数字是否权威，调查方式是否客观，至少它从一个侧面反映了一部分中国新女性的生活状态和心理变化趋势。女性对幸福感的认知正在逐渐清晰、具体。

女人的幸福度，远非日常支出、住房面积等几项基本指标能够解释。

幸福永远都是你个人的内心感受，就像你的身体一样，最终能为你负责的只有你自己。

世界从来不像我们设想的那般简单，而复杂的世界也不是我们认为的那么丑恶。既然无法终日蜷缩在安全的壳子里，为什么不愿意正视并适应这个世界？一旦明白了世界是复杂的，人性是复杂的，我们就拥有了宽容与智慧，可以游刃有余地行走其间。

生活是需要智慧和艺术的。任何人只有明白这个道理，学会洞悉生活中的人和事才会更加顺利。而当你顺利了，才能有精力完成更多的事情。你完成的事情越多，积累了越多的经验，你就越强大。这就要求你尽可能让自己先人一步做事和考虑事情，在很多时候你要清醒地看这个世界，看人世百态，看清自己的行为和思想。在这个世界上，没有人会一直容忍你屡次犯错，哪怕是你的亲密爱人，我深深明白这个道理。我希望所有的女性朋友——我的姐妹们，也能慢慢体会。做女人，就要做有头脑有智慧的女人，别相信傻人有傻福，因为太多人没这么幸运。

有种人，她们具有独特的“幸福性格”，她们好像近水楼台，总能先得月，拥有这样的“幸福个性 : 主动、热情、坚强、敢爱敢恨，反应敏捷、心胸开放，当然还爱自己，甚至有些“自私”。这个世界，幸福是每一个人的事业。为你一生的幸福，多一点努力，多一点心机，有什么不可以?

没人会阻挡你成长

你可以不成功，但你不能不成长。也许有人会阻碍你成功，但没人会阻挡你成长。杨澜如是说。

人始终要成长，要学着如何把自己锻造得成熟，不知不觉中散发出内在的个人魅力，更是女人的长远课题。

在生活的道路上，每个女人都要选择自己的人生节目，恋爱、结婚、生育、跳槽等等，虽然必须烦恼、辛劳，或许还会遭遇到失恋的伤痛以及工作上的挫折，吃尽人际关系不顺的苦头，但是承受这些，加以克服、超越，才能培养出真正的女人魅力，没有伤过、打磨过的人生，是不会发出光亮的。

成功是妖娆灿烂的，成长却是百转千回的。当我们又一次吹灭生日蜡烛，会发现镜子中的脸有了岁月的痕迹，不是皱纹和斑点，而是眼神中的一些安定，轮廓中的一丝坚强。曾经历过肆无忌惮、年少轻狂，现在我们学着将感性和理性调配适当。

善于成长的女孩，在岁月的打磨中，会逐渐变得内心成熟，谈吐优雅又独具个性。她们会焕发出不同的光彩，再不是以前的一派天真，而是浑身上下都充满了气定神闲的气质，宠辱不惊的淡定，风过无痕的从容，一派令人耳目一新的成熟风范。不需要担心经济状况，也不会“月光”。她们享受时尚，却不盲从流行。她们可爱又不失女人味。她们总是带来让人欣喜的新鲜感。

成长能够使人获得新生，卸掉了肤浅朦胧，有了生活积累的经验，也懂得了更多的人生精髓与收放自如的感悟，这都是经过岁月洗礼而得到的生活馈赠。就像一颗珍珠一样，需要经过岁月的打磨才能蜕变成耀眼璀璨的珍珠，逐渐绽放出奇特永久的斑斓光彩。

成长是一种力量，这种力量愈是强大，内心深处愈是能够生长出一张通往幸福的茂盛地图，在最美好的光阴里，渐渐抵达。

“小滋女”的“小滋”生活

阅读：散发书香的女人最耐读

钱钟书在小说《围城》里写道，方鸿渐到张小姐家去相亲，因为好奇想看看张小姐看的是什么书，发现竟然是《如何抓住他的心》一类，不由得一笑。若想了解一个女人，从她读的书入手，是断然错不了的。从这个意义上来说，一个女人的书架，也仿佛代表着她的精神隐私。

阅读仍然是这个时代最美丽的精神体验。在书卷里待久了的女人，也自然有翰墨的味道，那是任何名贵香水所无法比拟的，随着年岁的增长更见浓郁，伴随一生。

按说在互联网时代，阅读该是受冲击最大的一个领域，网络海纳百川，想看什么内容，用鼠标一点应有尽有，安坐家中高床软枕也可阅尽天下，图书馆似乎显得过时又麻烦。可是，喜欢泡图书馆的人仍旧大有人在。“书非借不能读也”倒也不是一句空谈，对于书“来日方长”可不是一句好话，毕竟书的价值是体现在读而非买的过程中。

现代职场女性们在职场上以不同的面具示人的同时，也渴望以一种方式来找回自我，去图书馆的人或许都是寂寞的，但躲到那里自成一隅，在喧闹的都市丛林中觅一处灵魂净土，也是一种心灵的回归。

这个浮躁的年代，人们都把闲暇时光奉献给了商场、吧台，或者无所事事的消遣，如若一个女人的周末是花在逛图书馆上，相信会引来人们的惊讶，现如今还三天两头往图书馆跑的人，想必都有一颗沉静的心。

在书店里有一个有趣的现象是：男人走进书店大都直奔自己的需要，简单翻看几眼，便把书收在一起，付钱走人。女人则喜欢“泡”在店里，找到喜欢的书后，会找个角落细细翻阅。

爱书的女人，选书就像调情，购书就像相亲，都让人有幸福感。逛书店这件事仿佛是一场浪漫有情调的约会，在那里可以闻到纸墨香，可以和书肌肤相亲。如果再碰上有情调的书店，去书店就成了一趟旅游，一次身与心的完美体验。总之，买书也好，看书也罢，无形中，女人们的心里已经有了一个关于书店的秘密约会。经典代表着留存、美好、感悟……不管岁月如何流走，人们心中的经典书籍，都会成为我们感受生活变化与回忆的一种特别方式。

女人如果想变得耐读，就必须带点儿书香。书香中熏陶出来的女人，犹如冬夜里暖炉上的一壶热咖啡，总是能够温暖每一个风雪夜归人。带着书香的女人，隽永而美丽，年岁愈深，其情愈浓。

旅行：带着稚童般的眼睛上路

常常因为一首歌、一本书、一部电影，让我们开始对那个遥远他乡守望和追寻。在午后慵懒的阳光下，捧一杯清茶，凝望远方，想像着那里的风景、那里的人、那里的故事。原来那里正是我们的梦想之地！只要我们还有梦，就无法抗拒行走天涯的诱惑。

每个女人都有一份冲动，那便是以更独特的方式到更远的地方看更陌生的世界。因为去过的地方越多，见过的人和风景越多，装进你心中的美好也就越多，而你的心也会因此变得越来越大。女人需要这种对生活的求索。

女人在尘世里迷了路，置身于迷雾中失去方向时，旅行成为女性找回自己的仪式。她们在旅行中不慌不忙地坚强，表现出更多的主动性和独立性，让未来在眼前盛开。旅行让她们感受超越的愉悦和自由的狂喜，让生活不总是单调、实际、冰冷和功利。

相对于男人，旅行对女人来说，意义是不一样的。旅行中的那些不可测知恰恰是它的诱惑所在，甚至于旅行中的一筹莫展都是有趣味的。在旅行中有无尽的可能性，比日常生活所能提供的要多得多。旅游是女性对生活常态的“脱逃”和“放下”，“出发”代表的是一种姿态，一个过程，一份获得。她们从繁杂的生活中走出来，再次回复到她们轻松、单纯、个性化的少女时代，没有目标，没有责任，甚至是没有了丰富繁杂的情感。

有什么比旅行更能打动女人的内心呢？它满足了女人对精神和物质的双重追求，而且转瞬即逝，不可复制。

尽管旅行玩乐的世界从来就没有统一的标准，尽管男与女有不尽相同的需求，尽管一个女人于不同的人生阶段会对旅游地点有截然不同的口味，但某些地方一生里无论如何也要去一次。女人，应该有她一生的旅行计划。

20 岁时，你可以将旅行变成情感沙龙，在旅行中整理自己敏感的思绪；30 岁时，你可以拥有专属于自己的旅行，在游历中沉淀日渐繁杂的心情；40 岁时，你可以告诉自己除了家庭还有梦想要去实现；50 岁时，你依然可以告诉自己要保持对未知世界的好奇，提醒自己最美的风景可以在不懈的追求中，也可以永远保留在心里……

美丽的女人，每个阶段都会有不同的美丽。聪明的女人，不仅懂得呵护别人，还懂得照顾自己。那就从此刻开始，与未来的自己定下心灵的契约：爱旅行，爱自己。

家居：女人的家，怎么可以不漂亮

“女人要有一间自己的屋子”这是英国作家伍尔芙的名言，她说，女人要想写作，首先要有一间自己的屋子和每月500镑的进账。500镑和一间房，对伍尔芙之前的写作女性来说，算是奢侈的。斗转星移，新世纪不写作的女性都不会满足于此了。500镑和一间房没什么稀罕，但伍尔芙式的念想却并未过时。

在中国的传统文化中，未婚女子的住所称作“闺房”，是青春少女坐卧起居、学习女红、研习诗书礼仪的所在。闺阁生活是女子一生中极为重要且最温馨、美好的阶段，就像美丽的蝴蝶在鼓翼凌飞之前曾经慢慢蜕变、静静成长在一只明丝缠绕着的玲珑的茧内。传统的闺房，多属于有女儿的家庭，是家居中的一个特别的空间。但现今的闺房已经不再局限于一间房。越来越多的闺房，其实就是一个完整的家居。

女性意识的崛起，使整个家居在设计上也开始有了女性自己的个性、主张和思想。社会的价值观产生变化和动荡的时候，多愁善感的小女子情结就会逐渐蔓延。无论流苏也好，悬挂的饰物也好，女性家居更倾向于精神性和表演性。

女人的一生中，都会经历一次和房子的谈情说爱。女人为什么比男人更爱流连在家里？因为爱的温馨元素是在女人亲自装点自己的家的过程里，一点一滴累积出来的。

在女人的眼中，家的美是简单而又复杂的。家可以简单到一个靠垫、一块桌布，也可以复杂到有关女人心灵的微妙感受。家，就是女人赋予生活的一个美丽布景，亦是承载女人美丽人生的舞台。于是越来越多的女性把打造梦想家居看成生活中很重要的一部分，同时家也更加成为她们生活中最纯净无伪的一片享乐净土。她们尽力把自己的家打造地完美，舒适。她们努力着，一步步地建构着属于她们自己的舒适而个性的空间。

男人总喜欢说：“一屋不扫何以扫天下？”女人可不会把问题提到那样的高度。对于女人来说，一个优雅的家就是她自身优雅气质的体现。有人说，越是漂亮的女孩房间越乱。这一点很难让人认同，无法想象生活中处于凌乱糟糕的环境中的女人，能有精致的生活态度，能有一份优雅、闲适的心情。

一个女人可以生得不漂亮，但是一定要活得漂亮。你的私人空间更是不能含糊，它是女人在私密空间中尽情泼洒自由思维的体现，它代表着你的审美情趣，你的风格，你的气质，你的生活态度，更会影响你的心情。所以，女人怎么可以没有一间漂亮的屋子呢？

茶香：一盏茶中的光明

“绿蚁新醅酒，红泥小火炉。晚来天欲雪，能饮一杯无？”

都说这首诗意境极好，围炉对酒，促膝夜谈，淡淡酒香，微微暖意，白乐天信手拈来，遂成妙章。因这首邀友诗而闻名的“红泥小火炉”其实是一种茶具，俗称“炭炉”或“茶炉仔”，是功夫茶具中的一宝，专门用来煮茶，也可以用于温酒。

冬日的黄昏，天色倏忽就跌下来。欲雪的天气更加衬得暮色深沉。若真落了清雪，莹莹雪光反而映得天有点亮了似的。这是我年少时最熟悉的场景。

有些人或事或许不知因何结缘。茶乃南方之嘉木，雪是北国的精灵，但煮雪烹茶向来被古人视为雅事。白雪红梅琉璃世界，檐下鬼脸青的花瓮，纤纤素手捧来绿玉斗，人是妙人，茶属上品，水是梅雪，器尽奇珍。《红楼梦》里的精妙文字，谁不记得？

我生在冰雕雪砌的北方，却也爱茶。虽然不曾效仿妙玉煮雪，但最喜欢的事，便是在火炉上用铜壶滚滚地烧一壶水，木柴在炉膛里噼啪作响，水快沸的时候，白色的水气袅袅升起，迎面而来，壶盖欢快地吱吱蹦跳。窗外大片雪花簌簌有声，长尾巴喜鹊在窗下悠闲踱步，雪地上留下细小爪痕。

天地瞬间苍茫，一片静谧。一杯香茗握在指间，茶香弥漫，暖了心怀。

还有一种茶，对我来说茶香里萦绕着乡愁，那就是奶茶。茶用大锅煮沸，茶汤鲜亮剔透，掺入雪白的牛奶，颜色就变得浓郁浑厚，味道醇香沁人，还可以根据个人口味加把细盐或者一块酥油，喝时多用大碗，是地地道道的牛饮，那是草原特有的剽悍豪迈。

北方的冬天，料峭的寒风力道遒劲。每到冬天，肌肤就粗糙晦暗，干涩涩地失了水分。一碗热腾腾的奶茶不但足以驱寒，而且牛奶可以滋润养颜，常喝能使肌肤细腻润泽。奶茶是用红茶熬煮的，冬天喝茶以红茶为上品，红茶甘温，生热暖腹去腻行气血，尤其适合女子。常饮奶茶，活脱脱生出一个茶香美人。

奶茶为我启了蒙，循着这缕茶香，就痴迷进了茶的世界。

爱茶爱了那么多年，不知自己对此中真谛是否领悟一二。去年秋天，独自出门旅行。凡尘琐事簇拥推挤，千年古镇的明月清风未能抚慰心里的烦乱。中秋节的下午，信步走进一家茶楼。茶楼不起眼，除了门口有几枝翠竹，似乎看不出有什么特别。

一位身穿墨绿旗袍的女子走来为我冲茶。她含笑请我坐下，杯托、茶匙、茶罐、茶壶、茶巾……杯杯盏盏码在方形茶盘中，温杯烫盏置茶，一招一式笃定从容，我凝神跟随，到凤凰三点头的时候，一颗心已经完全静了下来。

告别的时候，我想在她店里买点什么。她似乎看透我的心事，为我推荐了一只茶宠：可爱至极的紫砂小脚丫，脚丫上有一只蜘蛛。谐音“蜘”“足”，取知足常乐之意。

她告诉我，耐心以茶水滋养，假以时日必定温润可人。

写到这里，起身泡一杯茶，叶芽伸展，一旗一枪。茶是甘美的，也是清寂的。饮下的是茶香，也是这一刻的心情。

十四岁那年，给自己起的第一个“笔名”，叫做绿茗。现在想起，不禁失笑。年少的时候，大概喜欢附一份风雅。其实喝茶是很单纯的事情，唯一要的，便是真性情。